现代学徒制建筑设备工程技术专业教材

小型制冷装置维修

主　编　邓志均
副主编　曾昭向　祝春华
主　审　吴伟涛

中国水利水电出版社
www.waterpub.com.cn
·北京·

内 容 提 要

本书按房间空调器及电冰箱的原理、结构、维修检测、典型维修案例的思路分别介绍。全书分5个项目14个任务，主要内容包括房间空调器的结构与工作原理、房间空调器的安装与运行、房间空调器的维修与检测、房间空调器的维修典型案例、电冰箱的基础知识、电冰箱的电气控制系统、电冰箱的检测维修、电冰箱故障维修典型案例。

本书既可作为高等职业院校建筑设备工程技术专业、中等职业院校制冷空调专业的教学用书，同时也可作为制冷维修相关企业员工学习、培训及技能考试用书。

图书在版编目（CIP）数据

小型制冷装置维修 / 邓志均主编. -- 北京 : 中国水利水电出版社, 2020.6
现代学徒制建筑设备工程技术专业教材
ISBN 978-7-5170-8595-9

Ⅰ. ①小… Ⅱ. ①邓… Ⅲ. ①制冷装置－维修－技术培训－教材 Ⅳ. ①TB657

中国版本图书馆CIP数据核字(2020)第092556号

书　　名	现代学徒制建筑设备工程技术专业教材 **小型制冷装置维修** XIAOXING ZHILENG ZHUANGZHI WEIXIU
作　　者	主　编　邓志均 副主编　曾昭向　祝春华 主　审　吴伟涛
出版发行	中国水利水电出版社 （北京市海淀区玉渊潭南路1号D座　100038） 网址：www.waterpub.com.cn E-mail：sales@waterpub.com.cn 电话：(010) 68367658（营销中心）
经　　售	北京科水图书销售中心（零售） 电话：(010) 88383994、63202643、68545874 全国各地新华书店和相关出版物销售网点
排　　版	中国水利水电出版社微机排版中心
印　　刷	北京瑞斯通印务发展有限公司
规　　格	184mm×260mm　16开本　9印张　219千字
版　　次	2020年6月第1版　2020年6月第1次印刷
印　　数	0001—1500册
定　　价	**29.50**元

凡购买我社图书，如有缺页、倒页、脱页的，本社营销中心负责调换

版权所有·侵权必究

前言

本书为现代学徒制建筑设备工程技术专业教材，编写时以培养学生能力为本位，以岗位技能要求为目标，彻底打破原有课程体系，重新构建课程框架。

本书编写的重点主要体现在以下几个方面：

第一，讲明白基本结构，说清楚工作原理和基础知识，重点放在故障检测实用操作技能的讲述上，使读者能够“读得懂、学得会”，尽快掌握房间空调器和电冰箱的实用维修技术。

第二，书中有大量的图表，非常适合阅读。为了提高学习的实用性和针对性，本书编者在编写过程中倾注了多年的教学心得，力求基础扎实，可操作性强，使读者在学习的过程中感觉到好像“师傅”就在自己的身边，并在手把手教自己，因此，本书非常适合读者自学房间空调器、电冰箱等制冷设备的维修技术。

第三，在编写原则上，突出以职业能力为核心。教材编写贯穿“以职业标准为依据，以企业需求为导向，以职业能力为核心”的理念，依据国家职业标准，结合企业实际，反映岗位需求，注重职业能力培养。

第四，本书可作为高等职业院校、高等专科院校、成人高校、民办高校、本科院校举办的二级职业技术学院及五年制高等和中等职业院校制冷与空调技术专业及相关专业的教学用书，也可作为相关专业技术人员的业务参考书及培训用书。

本书项目一由祝春华、邓志均执笔，项目二由邓志均执笔，项目三、项目四由曾昭向执笔。邓志均负责全书的统稿，吴伟涛担任本书的主审。

由于编者水平有限，经验不足，且时间仓促，书中难免存在缺点和错误，请广大读者批评指正。

编者

2019 年 11 月

目录

项目一　房间空调器的结构与工作原理

本项目将重点介绍房间空调器的功能、分类、型号及主要参数；同时讲解房间空调器的结构及工作原理。

任务一　房间空调器的概述

学习目标：

1. 掌握房间空调器的分类、型号、功能及主要参数。
2. 掌握房间空调器的结构及工作原理。

一、房间空调器的主要功能

通过降温、去湿、加热、加湿和过滤等，对特定空间内空气的温度、湿度及其分布、成分、清洁度等进行调节，以使室内空气保持一定的条件，满足人们的舒适性要求或某些特殊需求的某些手段称为空气调节。这些条件通常可用空气的温度、相对湿度、气流速度和洁净度（简称“四度”）来衡量。因此，维持室内的“四度”，并使之在一定的范围内变化的调节技术称为空气调节，简称空调。

房间空调器调节一般应包括以下 4 个方面。

1. 温度调节

温度调节是指根据不同的需要，人为地造成一定的环境温度。例如精密机械加工和精密装配车间，温度要求一般为 20℃左右；光学仪器工业一般要求为 22～24℃，精度为±2℃、±1℃、±0.5℃；舒适性空调温度按国家标准，夏天为 24～28℃，冬天为 18～22℃。

对空气温度的调节过程，实质上就是增加或减少空气所具有的显热的过程，而空气温度的高低也表明了空气显热的多少。

2. 湿度调节

空气过于潮湿或过于干燥都会使人感到不舒适。一般来说，冬季的相对湿度在 40%～50%，夏季的相对湿度在 50%～60%，人会感觉比较舒适。

对空气湿度的调节过程，就是调节空气中水蒸气含量的过程，其实质是增加或减少空气所具有的潜热的过程。

3. 空气流速调节

空气流速不同，人的感觉也不同。人们处在适当低速流动空气中的感觉比处在静止的空气中的感觉要好，处在变速的气流中比处在恒速的气流中更感舒适。一般来说，空气流速应以 0.1～0.2m/s 的变动低速为宜，至少也应控制在 0.5m/s 以下。对空气流速的调节是空气调节的主要内容之一。

4. 空气洁净度调节

空气中一般都存在有悬浮状态的固体或液体微粒。它们很容易随着人的呼吸而进入气管、肺等器官，并黏附其上。这些微粒常常带有细菌，会传播各种疾病。因此，在空气调节过程中，对空气进行滤清是十分必要的。

二、房间空调器的分类

一般房间空调器的主要功能是调节温度和湿度，除尘净化功能通常是兼具的功能。当空调作制冷降温运行时，空气降温会排出所含水分成冷水，起到除湿作用。就是说，即家用房间空调器既可以降温也可以除湿。

1. 按空调器的主要功能分类

（1）冷风型空调器。冷风型空调器也称单冷式空调器，只吹冷风，一般只在夏季用于降温兼除湿。它的结构简单，可靠性好，价格便宜，是空调器中的基本型，它使用的环境温度为 18～43℃。窗式和分体式空调器都有冷风型结构。在冷风型空调器中采用微型计算机控制或增加制冷系统附加回路后，可以派生出在梅雨季节或潮湿天气时有单一除湿功能（房间不降温）的空调器。此类空调器的代号为 L。

（2）热泵型空调器。热泵型空调器是在制冷系统中通过两个换热器（即蒸发器和冷凝器）的功能转换来实现冷热两用的。在冷风型空调器中装上电磁换向阀后，可以使制冷剂流向改变。原来在室内侧的蒸发器变为冷凝器，来自压缩机的高温高压气体在此冷凝放热，于是就对室内供给热风；而室外侧的冷凝器变为蒸发器，制冷剂在此蒸发并吸收外界热量。故热泵型空调器具有制冷、制热和除湿等多种功能，夏季可用于降低室温，冬季可用于提高室温，雨季也可以用于除湿防霉。

由于环境温度的影响，室外换热器为无自动除霜装置的热泵型空调器，只能用于 5℃以上的室外环境，否则室外换热器会因结霜堵塞空气通路，导致制热效果极差。有自动除霜装置的热泵型空调器，可以在－5～43℃的环境温度下工作，在制热运行过程中会出现短暂的除霜工况而停止向室内供热。在低于－5℃的室外环境中，热泵型空调器不再适用，而必须用电热型空调器制热。热泵型空调器的代号为 R。

（3）电热型空调器。电热型空调器是在普通空调器上增加一组电热丝加温装置而成的。它也具有制冷、制热功能，由于制热时是通过电热元件来获得热量，故制热效率要比热泵型空调器低得多，但加热系统损坏时维修较方便。这种空调器可以在寒冷环境中使用，工作的环境温度不大于 43℃。此类空调器的代号为 D。

（4）热泵辅助电热型空调器。热泵制热在环境温度低于一定温度时，制热效果将明显地降低。为弥补这个缺点，采取热泵、电热相结合的办法，来保证在环境温度较低时也有足够的制热量。此类空调器代号为 R_d。

这种空调器的室外机组中，增加了一个电加热器，在低温的室外环境中，它对吸入的冷风先进行加热，这样室外机换热器不易结霜，提高了机器的制热效果。

（5）冷冻除湿机。除湿机就是能对空气进行减湿处理的一种空气调节装置。除湿的方法有多种，其中应用最多的一种是冷冻除湿。根据冷冻除湿原理制成的除湿机称为冷冻除湿机。

冷冻除湿机的结构和窗式空调器基本相似，采用同类制冷系统的蒸发器将空气降温析出水分，达到除湿的目的。空气又经冷凝器升温送出，从而使室内空气的相对湿度降低。

2. 按空调器的结构形式分类

空调器按结构形式可分为整体式和分体式两种。

(1) 整体式空调器。整体式空调器的特点是：机器是一个整体，结构紧凑，重量轻，噪声较低，安装方便，使用可靠，但制冷量一般较小。这种空调器通常安装在房间窗户处，或在房间外墙上开设专用洞口安装，故又称为窗式空调器。其代号为C。

(2) 分体式空调器。分体式空调器是因整体机器分为室内和室外两大部分而得名，其代号为F。其主要特点是外形美观易于房间内布置，运转时安静。分体式空调器的安装地点灵活方便，很少占用房间的有效面积。室内机组可做成吊顶式（代号D）、挂壁式（代号G）、落地式（代号L）、嵌入式（代号Q）和台式（代号T）等；室外机组代号为W。

3. 按使用气候环境的不同分类

按使用气候环境不同，空调器分为T1、T2、T3三个类型。表1-1列出了空调器通常工作的环境温度。

表1-1　空调器通常工作的环境温度　单位：℃

空调器类型	气候类型		
	T1	T2	T3
冷风型	18～43	10～35	21～52
热泵型	－7～43	－7～35	－7～52
电热型	～43	～35	～52

4. 按制冷量分类

空调器控制冷量可分为小型空调器（4186～12558kJ/h，即1000～3000kcal/h）、中型空调器（12558～25116kJ/h，即4000～6000kcal/h）和大型空调器（25116～41860kJ/h，即6000～10000kcal/h）。

三、房间空调器的型号

我国生产的空调器的型号，遵照国家标准《房间空气调节器》(GB/T 7725—2004)规定。制冷量在9000W以下，采取全封闭式压缩机和风冷式冷凝器的空调器称为房间空调器，其型号表示如下：

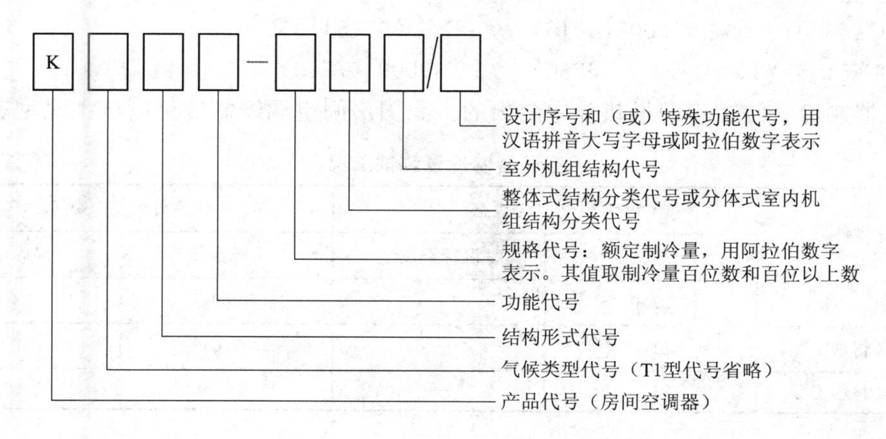

（1）KC－25。KC－25 表示 T1 气候类型，窗式冷风型房间空调器，额定制冷量为 2500W。

（2）KFR－28G。KFR－28G 表示 T1 气候类型，分体式热泵型挂壁式房间空调器室内机组，额定制冷量为 2800W。

（3）KFR－28GW。KFR－28GW 表示 T1 气候类型，分体式热泵型挂壁式房间空调器室外机组，额定制冷量为 2800W。

（4）KFR－41GW。KFR－41GW 表示 T1 气候类型，分体式热泵型挂壁式房间空调器（包括室内机组和室外机组），额定制冷量为 4100W。

（5）K3C－35A。K3C－35A 表示 T3 气候类型，窗式冷风型房间空调器，额定制冷量为 3500W，第一次改进设计。

（6）KFR－50LW/BDF。KFR－50LW/BDF 表示 T1，气候类型，分体式热泵型落地式、具有负离子功能的变频房间空调（包括室内机组和室外机组），额定制冷量为 5000W。

四、房间空调器的主要技术指标

空调器的性能参数是衡量空调器的技术质量指标。房间空调器的主要参数有以下几项。

1. 制冷量（力）

制冷量是指空调器单位时间内所产生的冷量，即空调器进行制冷运行时，单位时间内从空调密闭空间、房间或区域内除去的热量；制冷量的单位为 W，欧美国家用 Btu/h 表示。例如日本三洋牌房间空调器铭牌制冷量为 80000Btu/h，折合成国际单位，为 23440W。

国家标准规定房间空调器优选制冷量为 1250～9000W，最小空调制冷量定义为 1250W。这适合于建筑面积为 $8m^2$、空调冷负荷为 $157W/m^2$ 时的最小建筑单元所需的空调器的制冷量。其最大限值的确定，是为了能与我国立柜式空调器的最小制冷量相衔接。

空调器的名义制冷量［单位：W（kcal/h）］优先选用系列为：

1250（1075）　　1400（1204）　　1600（1376）
1800（1548）　　2000（1720）　　2250（1935）
2500（2150）　　2800（2408）　　3150（2709）
3500（3010）　　4000（3440）　　4500（3870）
5000（4300）　　5600（4816）　　6300（5418）
7100（6106）　　8000（6880）　　9000（7740）

空调器制冷量是在房间量热计中测出的。我国房间空调器制冷量测试工况见表 1－2。

表 1－2　　空调器制冷量测试工况　　单位：℃

工况条件	室内侧空气状态		室外侧空气状态	
	干球温度	湿球温度	干球温度	湿球温度
名义制冷工况	27.0	19.5	35.0	24.0
热泵名义制热工况	21.0	—	7.0	6.0
电泵名义制热工况	21.0	—	—	—

2. 制热量

热泵型或电热型空调器在制热运转时，在单位时间内向密闭空间、房间或区域内送入的热量称为制热量，其单位也是W。

3. 能效比（COP）

在国家规定的额定工况下，空调器进行制冷运行时，制冷量与有效输入功率之比，称为能效比。它是一项技术经济性能指标，也是一项能耗指标，能效比越高，说明空调器的制冷效率越高。能效比的符号用COP表示，单位为$W_{冷}/W_{输入}$。

$$COP=制冷量/有效输入功率\ (W_{冷}/W_{输入})$$

空调器能效比（COP）见表1-3。国家规定COP值不能小于表1-3中规定值的85%。

表1-3　空调器能效比(COP)

额定制冷（热）量/W	COP/($W_{冷}/W_{输入}$)	
	整　体　式	分　体　式
<2500	2.45	2.65
2500～4500	2.50	2.70
>4500，≤7100	2.45	2.65
>7100	2.50	

4. 噪声

空调器运行时的声音就是空调器的噪声。空调器的噪声分为室内部分噪声和室外部分噪声。室内部分噪声主要来自电动机的运行及风扇的转动，所以室内噪声较低；室外噪声来自压缩机和室外风扇发出的声音，所以室外噪声较高。

国家标准规定各种规格空调器的噪声必须符合表1-4的规定。

表1-4　空调器噪声指标

名义制冷量 /W（kcal/h）	噪　　声/dB（A）			
	整　体　式		分　体　式	
	室内侧	室外侧	室内侧	室外侧
2500（2200）以下	≤54	≤60	≤42	≤60
2800～4000（2500～3500）	≤57	≤64	≤45	≤62
4000（3500）以上	≤62	≤68	≤48	≤65

5. 循环风量

空调器铭牌上的循环风量是指在新风门和排风门完全关闭的情况下，单位时间内向密闭空间、房间或区域送入的风量，即室内侧空气循环量，单位为m^3/h，也就是每小时流过蒸发器的空气量。

在同等进风条件和同等风量的前提下，同牌号同规格的空调器，出风温度低的制冷量大。

如果空调器循环风量大，必然造成出风温度较高，噪声必将增大；若循环风量过小，虽噪声下降，但 COP 也下降，电耗也增加。为此空调器循环风量应选取最佳值，以使它发挥最佳效能。

6. 空调器功率

空调器功率是指空调器运行时所需要的功率，制冷运行时需要的总功率称为制冷消耗功率；制热运行时需要的总功率称为制热消耗功率。

7. 空调器的名义工况

空调器的性能指标是在名义工况条件下测量得到的。我国现用空调器基本按 T1 气候类型设计，T1 气候类型中规定的名义工况参数见表 1-5。

表 1-5　　空调器名义工况参数　　单位：℃

工况名称	室内空气状态		室外空气状态	
	干球温度	湿球温度	干球温度	湿球温度
名义制冷工况	27	19.5	35	24
名义热泵制热工况	21	—	7	6
名义电泵制热工况	21	—	—	—

任务二　房间空调器的结构

学习目标：

1. 掌握窗式空调器的结构。
2. 掌握分体空调器的结构。

一、窗式空调器的结构

窗式空调器是一种体积小、重量轻和噪声低的单体式空调器。这种空调器安装使用方便，不需要水源、热源，使用时只需接通电源，即能自动地调节房间内温度。房间内气流方向可以随意调节，使人感觉舒适。

窗式空调器主要由制冷（热）循环系统、空气循环通风系统、电气控制系统和箱体、底盘、面板等几部分组成。全部制冷空调设备均安装在底盘上。底盘可以从箱体内抽出，便于安装和维护。冷风型窗式空调器的结构如图 1-1 所示。

1. 制冷（热）循环系统

制冷（热）循环系统一般采用蒸汽压缩式制冷。与电冰箱一样，由全封闭式压缩机、风冷式冷凝器、毛细管和肋片管式蒸发器及连接管路等组成一个封闭式制冷循环系统。系统内充以 R-22 制冷剂。为避免液击，有些制冷系统还设有气液分离器。

2. 空气循环通风系统

空气循环通风系统主要由离心风扇、轴流风扇、电动机、过滤器、风门和风道等组成。

3. 电气控制系统

电气控制系统主要由温控器、启动器、选择开关、各种过载保护器和中间继电器等组

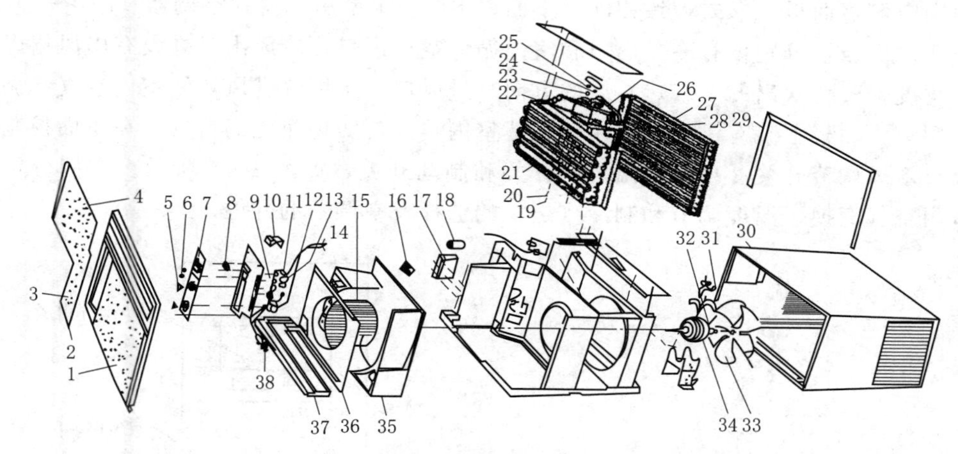

图 1-1 冷风型窗式空调器的结构

1—面板；2—面板小门；3—搭扣；4—过滤网；5—旋钮；6—滑杆钮；7—电控面板；8—冷热开关；9—恒温控制器；10—电压转换插座；11—风门开关；12—主控开关；13—排风门软杆；14—新风门软杆；15—离心风扇；16—接线端子；17—压缩机电动机的电容器；18—风机电容器；19—压缩机底座橡胶圈；20—压缩机底座套管；21—蒸发器；22—线圈；23—压紧片；24—过载保护器；25—卡簧；26—压缩机；27—冷凝器；28—换向阀；29—Ⅱ型密封条；30—箱体；31—风扇电动机保护器；32—电动机套圆；33—轴流风扇；34—风扇电动机；35—蜗壳；36—蜗壳前板；37—盛水槽；38—恒温控制器温包固定卡

成。热泵冷风型空调器还应有电磁换向阀及除霜温控器。

4. 箱体、底盘与面板

（1）箱体。箱体常用 0.8～1.0mm 的冷轧薄钢板弯制而成，也有用塑料压制的，如图 1-2 所示。箱体底部有两条导轨，供底盘推入、拉出之用。制冷量大的空调器，由于机组质量大，在箱体左右侧也设有导轨，以便底盘出入箱体时不致被卡住。

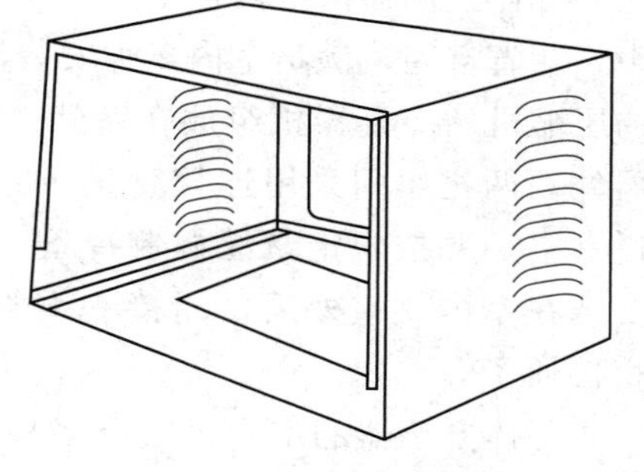

图 1-2 箱体

箱体左右侧面开设有百叶窗、方孔或栅格等，用于进风冷却冷凝器。在箱内设有若干加强筋，以提高箱体的刚度。箱内还设有若干支架，以便于安装零部件。

（2）底盘。底盘用于安装压缩机、蒸发器、冷凝器和风机等，而整个底盘又靠螺钉固定在箱体上。用于制造底盘的冷轧钢板要进行防锈处理。一些国外空调器的底盘上还涂有一层有机涂料，使凝露水不与底盘薄钢板直接接触，增强了抗腐蚀能力。

（3）面板。空调器的面板既要外形美观、线条流畅，与室内陈设颜色相协调，又要空气动力性能好，同时进风、出风栅要有足够的截面积。结构合理、空气动力性能好的面板，可有效地降低室内侧噪声。

目前，我国空调器面板大致有塑料面板、有机玻璃面板、木质面板和金属面板等几种类型。塑料面板用 ABS 塑料注塑成形，适合于大批量生产。

房间空调器面板的形式大致相同。下面以 KC－21 型房间窗式空调器（图 1－3）为例加以说明。面板上分别设有冷风出口和室内循环空气进口。冷风出口处设有出风栅以调整出风口角度，改变吹出的冷（热）风的方向。进风口用于抽气进风，使室内空气起循环交换的作用。在面板上装有过滤网，用于过滤室内空气，实现净化的目的。在正面控制板上分别设有新风调节开关、自动恒温控制开关和制动开关，如图 1－4 所示。它们分别用于调整室内空气交换、温度调节和制冷（热）的选择及空调器的开停。

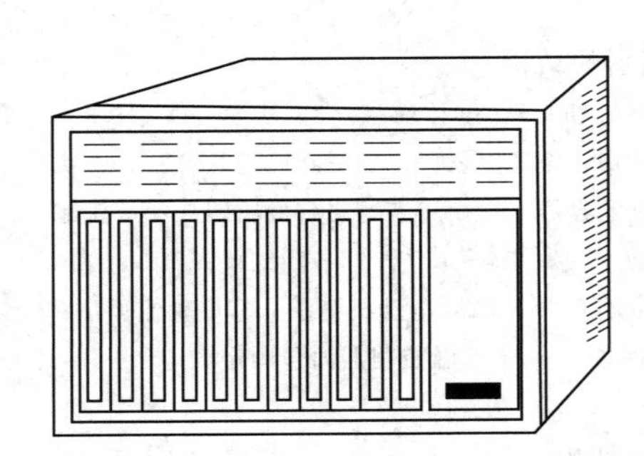
图 1－3 KC－21 型房间空调器面板的结构

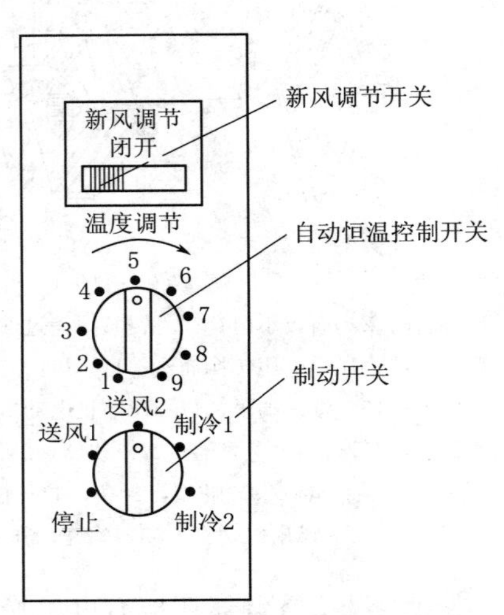

图 1－4 房间空调器的控制面板

二、分体空调器的结构

分体空调器由室内机组、室外机组、连接管、电缆线和控制盒组成。为了减小室内噪声，节省空间，满足室内多种安装形式的需要，把空调器分为两部分，将噪声大、质量大的压缩机、冷凝器机组放在室外，空调部分放于室内。室内外机组均有自动控制或遥控器件。两机组间采用连接管进行连接。产品在制造厂装配后，已将两个机组的系统抽过真空，并按规定量灌好制冷剂，机组的进出口由阀门关闭着。当用户将空调器分别安装在室内、室外后，用接头铜管把两个机组连接起来。把阀门打开，两个机组便互相接通了。

分体空调器的室内机组有多种类型，当前使用比较广泛的有挂壁式、落地式、吊顶式、天顶式和台式几种。这些类型的基本结构大同小异。下面以用得最广泛的挂壁式分体空调器为例作介绍，其结构如图 1－5 所示。

1. 室内机组

室内机组一般做成薄长方体，它由外壳、室内换热器（冷风型为蒸发器；热泵型夏季为蒸发器，冬季为冷凝器）、贯流式（或称为横流式）风机及电动机、电气控制系统和接水盘组成。外壳前面上部是室内回风的百叶式进风栅及插入式过滤网，下部是百叶送风栅；室内换热器斜装于机壳内回风进风栅的后部，即机壳内上部；贯流式风机装于机壳内送风栅的后部，即机壳内下部，它把吸入的室内回风经室内换热器处理（夏季冷却去湿，冬季加热升温）后吹送入房间内；机壳后部装有与室外机组的压缩机和换热器连接的气管

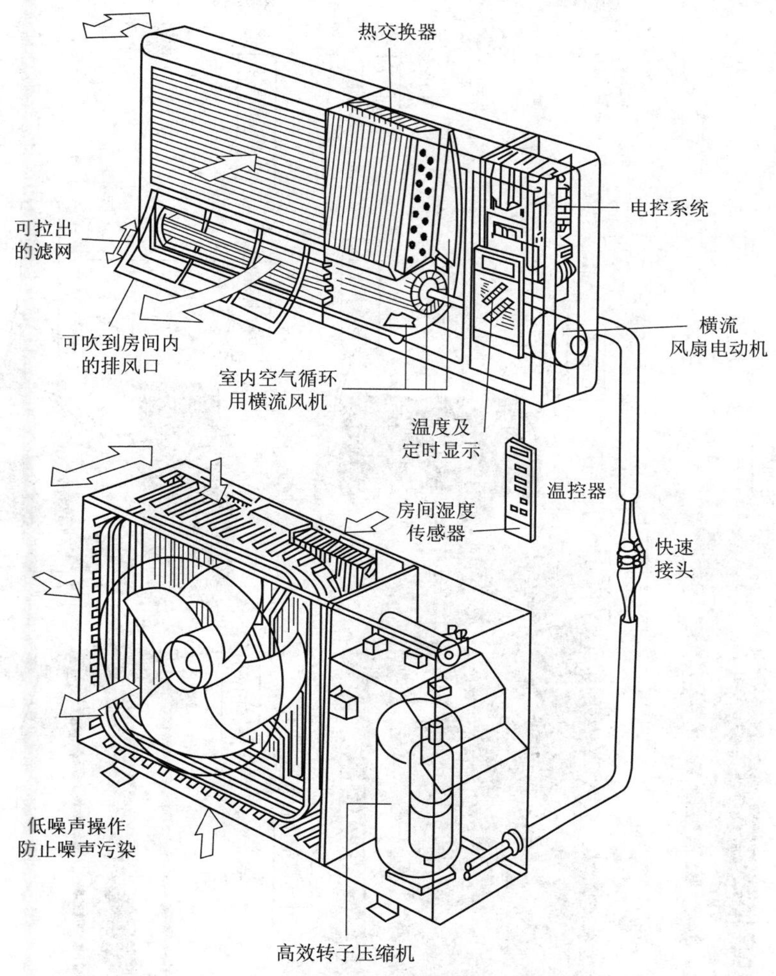

图 1-5　挂壁式分体空调器的结构

和液管的管接头。电控系统与风机电动机装于机壳内的一端，电控系统位于上部，风机电动机位于下部，并与风机共轴；机壳底部为接水盆，并装有排放冷凝水的接管管头。贯流式风机的叶片一般为前向式，叶轮两端封闭，外形呈滚筒状。工作时空气沿叶轮径向流入，再从叶轮另一侧径向流出，即空气流两次通过叶轮的叶片。贯流式风机具有径向尺寸小、送风量大、运行噪声低的优点。此外，为了便于按需要调整送风方向，送风口设有控制出风角度的导风板和风向片。图 1-6 为典型挂壁式分体空调器室内机组分解图，图 1-7 为典型立柜式空调器室内机组分解图。

电控系统包括微型计算机和电子温控器。电子温控器采用红外遥控方式，机壳内还设有红外指令接收装置。

2. 室外机组

室外机组包括外壳、底盘、全封闭式压缩机、室外换热器（夏季为冷凝器，冬季为蒸发器）、毛细管、冷却用轴流式风机和电动机，以及制冷系统的附件（如气液分离器、过

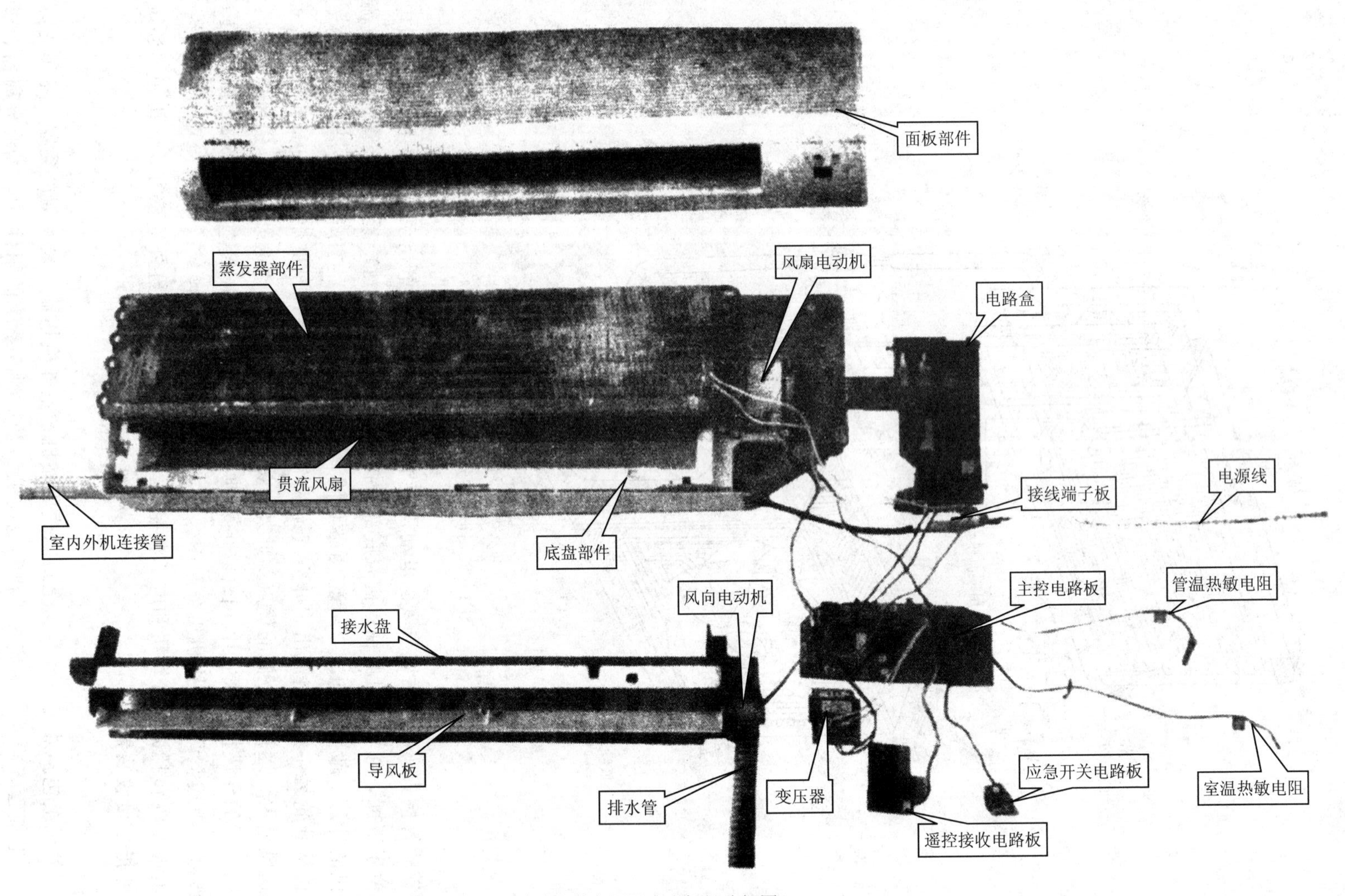

图1-6　典型挂壁式分体空调器室内机组分解图

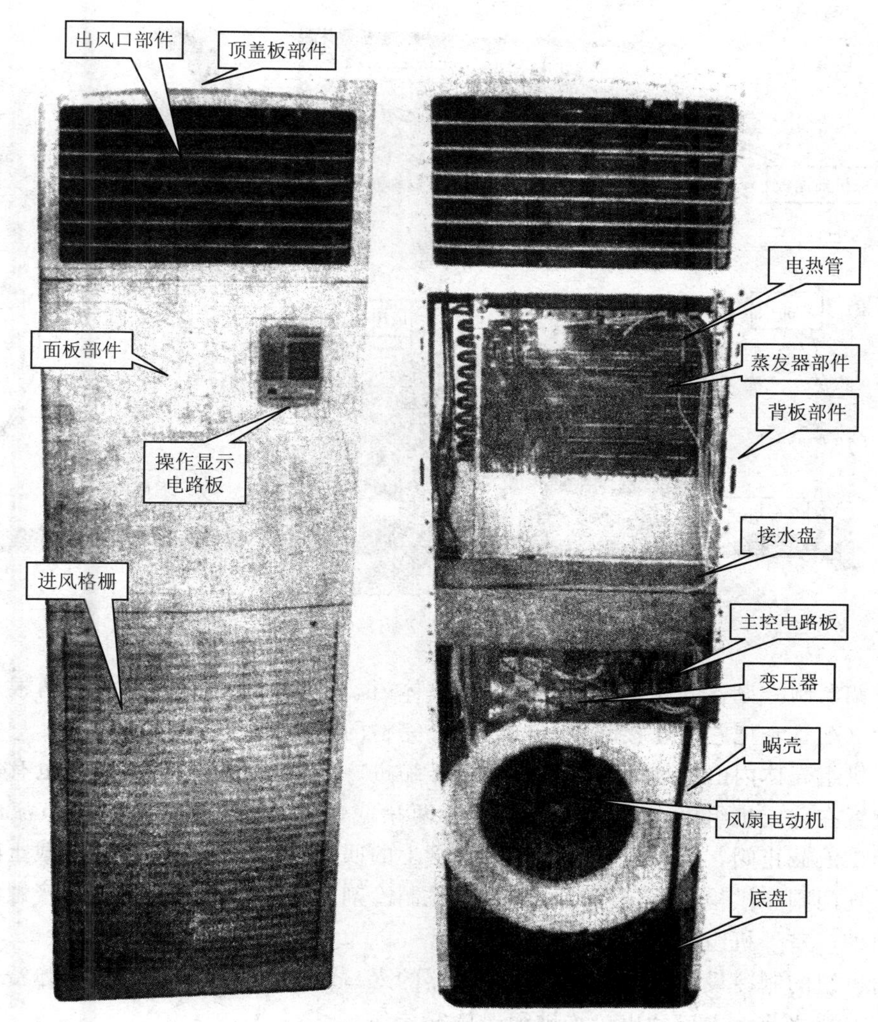

图 1－7　典型立柜式空调器室内机组分解图

滤器、电磁继电器、高压开关、低压开关和超温保护器）等。热泵型的还有电磁换向阀和除霜温控器等。

室外机组的外壳由薄钢板制成，后部、顶部和下部及一侧面开有冷却冷凝器的进风口；前面设有轴流风扇的导风圈及排风护罩；外壳后面另一侧下部装有供与室内机组连接的制冷剂气管和液管的管接头；该侧面上方设有连接导线的接线窗口。压缩机、冷凝器等制冷系统部件及冷却冷凝器的轴流风机都装在底盘上，并用固定于底盘上的隔板在外壳内一端形成一个放置压缩机及电气元器件的小室。电气室位于压缩机的上部，盖好外壳后，雨水不能淋入，可保证露天放置的室外机组能安全运行。图 1－8 为典型挂壁式分体空调器室外机组分解图。

3. 室内机组与室外机组的连接

分体空调器的制冷系统与窗式空调器在组成部件和循环过程方面基本相同，所不同的

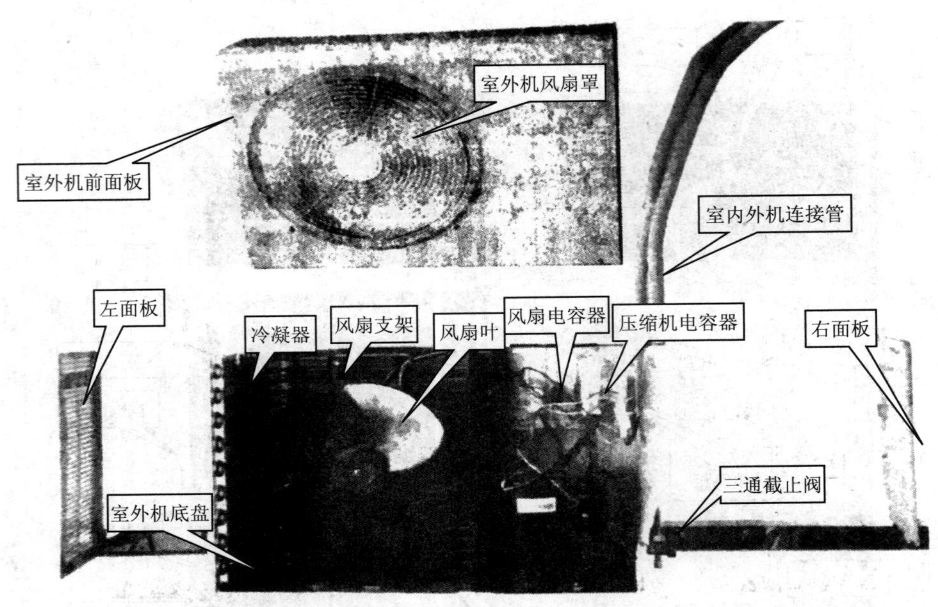

图 1-8　典型挂壁式分体空调器室外机组分解图

是分体空调器制冷设备的四大件分装在两个箱体内，并且相距较远，必须用两根直径不同的紫铜管（配管）把它们连接起来，构成一个完整的制冷系统。

室外机组壳体内的制冷部件主要是制冷压缩机、冷凝器和节流毛细管（也有的将节流毛细管放置在室内机组内）。在机壳侧面装有两只截止阀，一只是经毛细管节流后进入室内机组的供液截止阀，另一只是压缩机吸气管上的回气截止阀，一般在回气截止阀上同时制作旁通气门阀，供检测低压回气压力或充注制冷剂时使用，气门阀上的连接螺纹有公制和英制两种。室外机组的结构如图 1-9 所示。

室内机组的制冷设备只有蒸发器。蒸发器的入口端和出口端分别套装有弹簧管，便于弯曲，未安装之前，入口和出口均被塑料旋塞堵住。

配管中较细的一根一般为 $\phi 6$，它与供液截止阀和蒸发器的入口端相连接；较粗的一根一般为 $\phi 9$，与回气截止阀和蒸发器的出口端相连接。市售分体空调器的配管标准长度为 5m，当配管长度增加时，制冷系统内需要补充一定量的制冷剂。在安装分体空调器过程中，除了固定室内、外机组外，一项重要的工作就是用配管将室内、外机组连接起来。它的实质就是将制冷系统组成一个密闭的循环空间。因此，它的连接方式和密封性对制冷系统的正常运行有相当重要的影响。

配管与机组的连接形式有：

（1）喇叭口连接。厂家提供的配管上一般都配有连接用螺母和螺纹接头，如需加长配管，就需重新制作喇叭口。连接时把喇叭口与接头按轴线对正并贴紧，再用螺母拧紧、锁死在接头的螺纹上，如图 1-10 所示。喇叭口连接方法简便，密封质量好，使用寿命比较长，但在有剧烈振动时密封性会变差。图 1-11 所示为喇叭口及连接螺母的外形图。

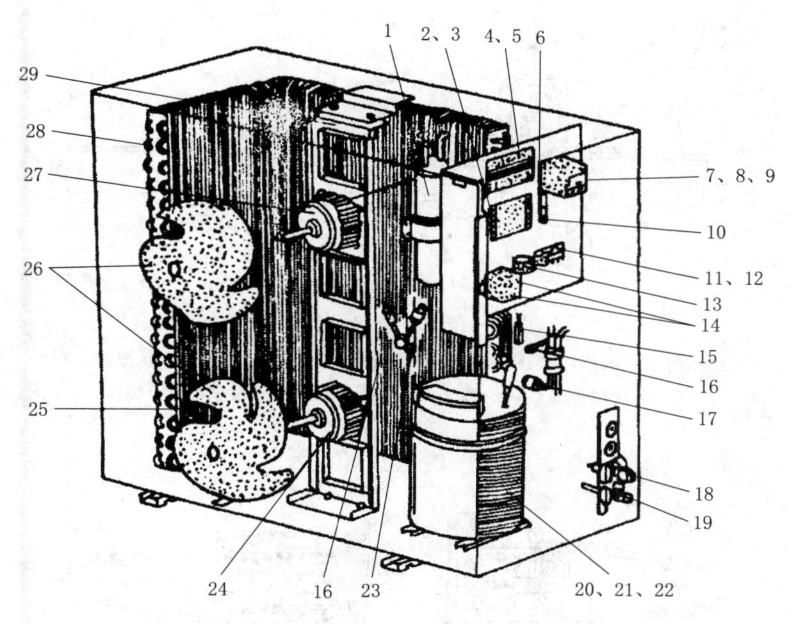

图 1-9 室外机组的结构

1—气液分离器；2、3—过电流（负载）继电器；4、5—压缩机保护器；6—熔断器；7、8、9—接触器（压缩机）；10—熔断器支架；11、12、13—端子座；14—运转电容器；15—簧片热控开关；16—充气塞；17—高压开关；18、19—球阀；20、21、22—压缩机；23—低压开关；24—风扇电动机（下）；25—冷凝器（B）；26—螺旋桨式风扇；27—风扇电动机（上）；28—冷凝器（A）；29—电动机支架

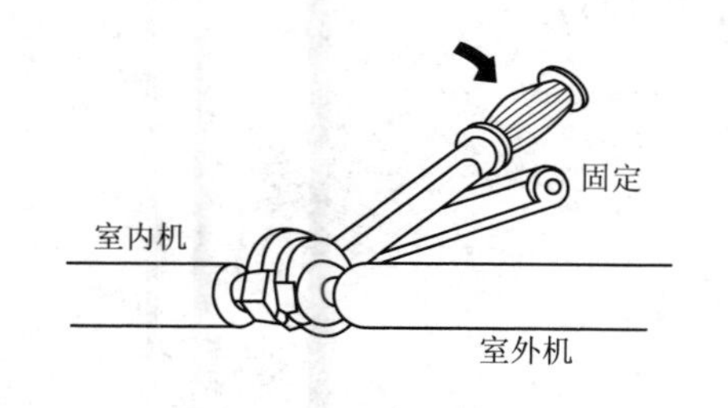

图 1-10 喇叭口连接

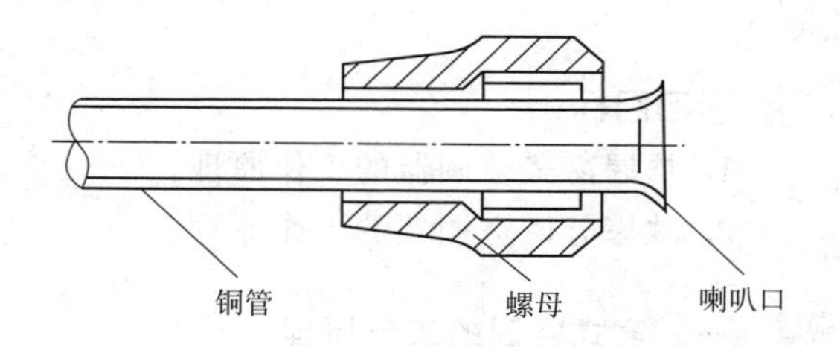

图 1-11 喇叭口及连接螺母的外形图

（2）快速接头连接。快速接头是一种一次性使用的接头，为了避免泄漏，在接头端焊有一只薄薄的金属膜片。一只膜片的里面制有刀形支架，当两支接头迅速旋紧时，刀片刺破膜片，然后依靠螺纹和接头内的不锈钢垫圈将配管连接起来，并保持密封性，如图 1-12 所示。

（3）自封接头。自封接头也称弹簧式接头。它的凹凸两部分各有自封阀针，当凸头插入凹头时，两阀针对顶开启，使管路接通；当凸凹两部分脱离时，两柱阀靠各自部分的弹簧作用自封闭管路。使用时，推动滑套向凸头方向，使提升阀将凹凸两部分锁紧。脱离时，将滑套向凹头方向推动，使锁固球脱离槽，凹凸头两部分脱离，如图 1-13 所示。

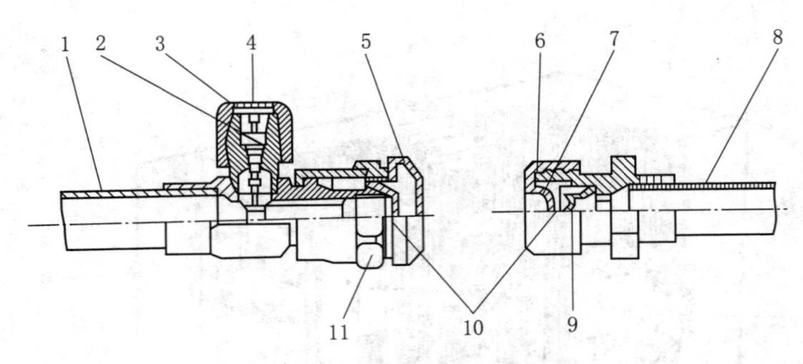

图 1-12　快速接头的结构

1—导管；2—阀芯；3—阀帽；4—冲剂冷剂阀；5—防尘盖；6—橡胶防尘帽；
7—不锈钢垫圈；8—导管；9—刀型支架；10—膜片；11—螺母

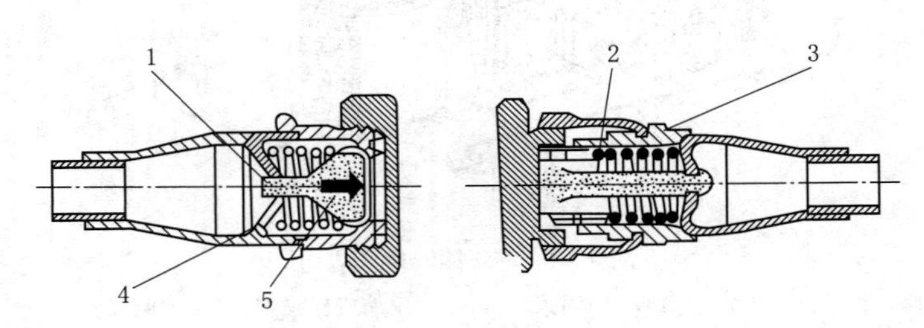

图 1-13　自封接头的结构

1—提升阀；2—柱阀；3—凹头；4—凸头；5—弹簧

任务三　房间空调器的工作原理

学习目标：

1. 掌握窗式空调器的工作原理。
2. 掌握分体空调器的工作原理。

一、窗式空调的工作原理

1. 冷风型空调器的工作原理

图 1-14 为冷风型空调器的工作原理图。空调器制冷时，压缩机吸入来自蒸发器的 R-22 低压蒸气，在汽缸内压缩成为高压高温气体，经排气阀片进入风冷冷凝器。轴流风扇从空调器左右两侧百叶窗吸入室外空气来冷却冷凝器，使制冷剂成为高压过冷液体。空气吸收制冷剂释放出热量后，被轴流风扇将热量排出室外。高压过冷液体再经毛细管节流降压，然后进入蒸发器。室内空气靠离心风扇吸入，流过蒸发器，蒸发器内的 R-22 吸收室内循环空气的热量后变成蒸气，使室温降低。经降温的室内空气，又在离心风扇作用下被排向室内。来自蒸发器的低压过热蒸气又被吸入压缩机并压缩成高温高压气体，如此循环不止。

在制冷过程中，蒸发器表面温度通常低于被冷却的室内循环空气的露点温度。当室内

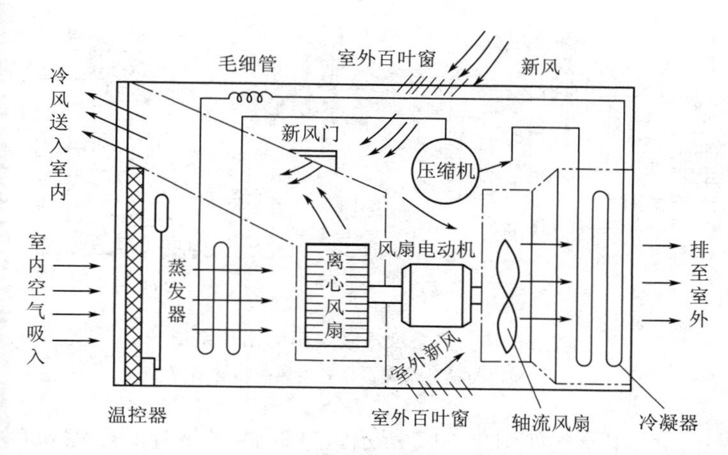

图 1－14　冷风型空调器的工作原理

空气被吸进箱体内穿过蒸发器时，如果空气的相对湿度较大，其中一些水蒸气便在降温过程中凝结为水，从蒸发器表面析出，使室内空气相对湿度下降，这就是湿度调节的过程。凝露水通过蒸发器下面的盛水槽流至后面的冷凝器，部分凝露水被轴流风扇甩水圈飞溅以冷却冷凝器，余下部分通过底盘上的排水管排至室外。由于制冷时一般伴随去湿过程，因此，冷风型空调器不能用于恒湿的场所，若要增湿，需要另添加湿器。

在通风制冷过程中，室内空气必须先通过滤尘网将尘埃滤掉，以保持蒸发器清洁、畅通，因此空调器还具有净化室内空气的功能。

空调器的温控器安装在蒸发器的前面，以感受吸入室内空气的温度。感受的这个温度，实际是离心式风扇使室内空气循环后的室内空气的平均温度，所以温控器不能控制室内各点的温度。

室温的控制是通过温控器的一对触点接通和切断压缩机的工作线路来实现的。

2. 热泵型空调器的结构特点及基本工作原理

热泵型空调器在冷风型空调器的基础上加了一只电磁换向阀（又称四通阀）和冷热控制开关。电磁换向阀如图 1－15 所示。恒温控制器采用既可控制制冷温度又可控制制热温度的双触点温控器。若有自动除霜线路，还可以带除霜器进行自动除霜。电磁换向阀的作用是使制冷剂流动方向发生变化，用于制冷系统的冷热转换，如图 1－16 所示。在夏季，室内换热器作为蒸发器使用，向室内送冷风；室外换热器作为冷凝器使用，向室外排热。在冬季，通过电磁换向阀的转向切换，使室内换热器作为冷凝器使用，向室内送热风；室外换热器作为蒸发器，向室外排冷风。这种热泵型冷暖空调器，在外界温度低于 5℃时不能开启。所以热泵型冷暖空调器只适合室外温度在 5℃以上的地区，低于 5℃的地区应采用电加热型冷暖空调器。

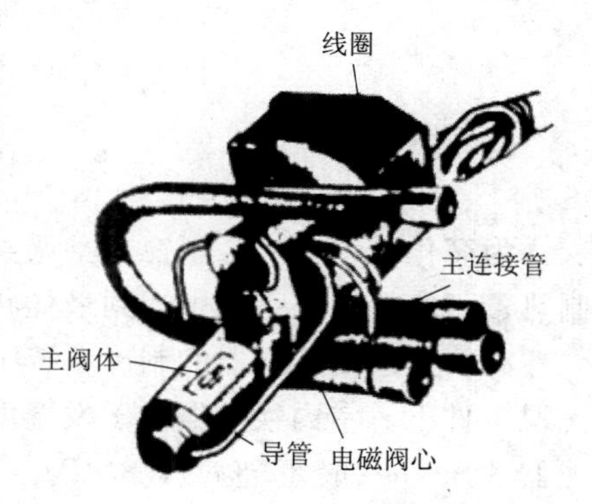

图 1－15　电磁换向阀

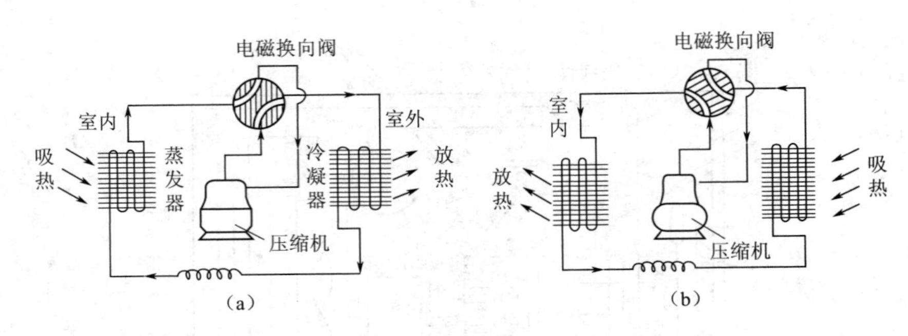

图 1-16　热泵型冷暖空调的循环系统

(a) 制冷时循环情况；(b) 制热时循环情况

热泵型空调器的工作原理如图 1-17 所示。空调器制热时，压缩机吸入制冷剂，在气缸内被压缩成为高温高压气体，经排气阀片排至室内侧冷凝器。在冷凝器中，制冷剂被室内循环空气冷却成高压液体，制冷剂释放出来的冷凝热加热空气，使室温上升。高压液体制冷剂通过毛细管节流降压后，喷入室外侧蒸发器，被吸热蒸发后成为湿蒸气。湿蒸气过热后，又被吸入压缩机压缩，然后再排至室内侧冷凝器。如此循环不止。可见，热泵型空调器除有冷风型空调器的通风、制冷、除尘和去湿的功能外，还多了一个制热功能。

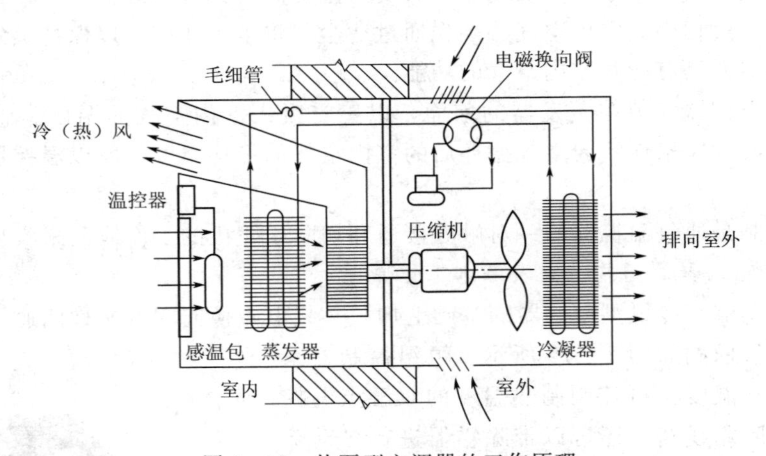

图 1-17　热泵型空调器的工作原理

为简化系统，热泵型窗式空调器采用单根毛细管，优点是节约成本，缺点是制冷量和制热量不能在同一系统中达到最佳状态。

有些热泵型空调器的制冷系统中设有两根毛细管，如图 1-18 所示。这是因为在制冷工况条件下，室内换热器的蒸发温度约为5℃，蒸发压力约为0.59MPa（R-22），室外换热器的压力一般不超过 1.8MPa。而制热工况条件下，室内换热器的压力约为 1.8～2.0MPa，室外换热器的蒸发温度约为－10℃，蒸发压力约为0.35MPa，这样才能使环境温度为－5℃时，空调器仍然具有制热效能。虽然制冷和制热时制冷剂的流向不同，却都用一套制冷循环系统和设备，但是制冷和制热时的工况条件是不一样的，即蒸发温度是不同的。这表明空调器在由制冷变为制热或是由制热变为制冷时，制冷循环系统是经过了调整的，即调整了运行工况，变更了循环系统的运行状态。这种工况调整，在房间空调器中是通过设置两根毛细管和单向阀实现的。

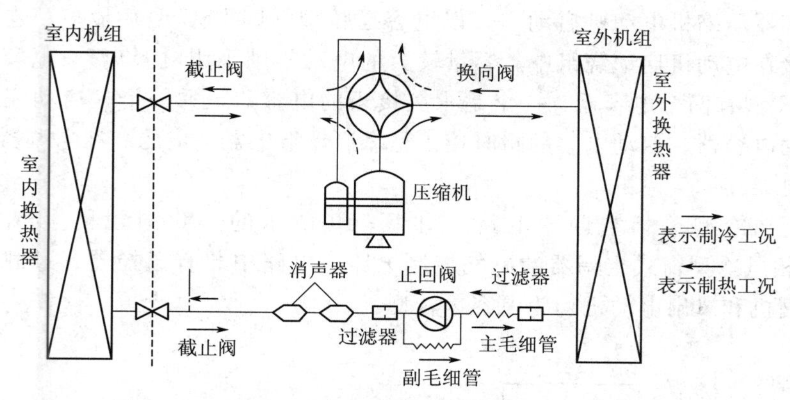

图 1－18　具有两根毛细管的热泵型空调器的工作原理

热泵型空调器采用的双毛细管系统中，其中一根毛细管是主毛细管，为制冷工况时制冷剂的节流毛细管，这时另一根毛细管（也称副毛细管）虽然与主毛细管串联，但其阻力远远大于并联的止回阀，所以节流后的制冷剂通过止回阀进入蒸发器。当变为制热工况时，制冷剂不能通过止回阀，而只能通过副、主毛细管节流后进入室外换热器。由于制冷时的蒸发温度高于制热时的蒸发温度，故制冷时只使用主毛细管；而制热时所用的毛细管应略长，所以应使用副、主两根毛细管，使其达到设定的最佳流量和蒸发温度。双毛细管的系统要复杂一些，成本也较高。

3. 电热型空调器的工作原理

电热型空调器在冷风型空调器的基础上加了一组或几组电热丝，使其既可制冷，又可制热。这种空调器的制冷循环运行与冷风型空调器相同。制热时，压缩机不运转，仅风机与电热丝工作。当控制开关旋到制热挡时，离心风扇吸入室内冷空气，通过电热丝加热升温后再吹向室内。当室温升至所要求的温度时，恒温控制器切断电热丝电路，但轴流风扇仍继续运转，使室内空气循环对流。当室温逐渐下降到低于控制值时，恒温控制器又接通电热丝电路，加热室内循环空气，使室温再上升。由于风扇电动机是双向性的，一端装离心风扇，另一端装轴流风扇，故电热型空调器制热运行时，轴流风扇仍工作，但它做的是无用功。

电热型空调器的发热元器件大多采用电热丝，它的热容量小、体积小、重量轻。

电热丝采用镍铬扁丝，用耐高温合成云母层压板为支架，配有高灵敏度温度继电器，可使温度超过选定值后，能在 10s 内切断电热丝电源，从而保证空调器能安全运行。

电热型空调器的发热元器件也有采用电热管的。电热管式加热器具有传热快、热效率高、机械强度大、安装方便、使用安全可靠、寿命长和适应性强等优点。由于电热管的热容量大，所以空调器关机前，最好打开“风”吹数分钟，待余热逐渐消散后，才能关机。

4. 窗式空调器的典型控制电路

窗式空调器的电路一般包括压缩机电动机启动及保护电路、风扇电动机启动及保护电路、开关电路（主控开关）及温控器等几部分。

窗式空调器压缩机电动机启动方式以电容运转型（即 PSC 型）最多。这种电路是把电容器永久接在电动机启动绕组中。容量较大的电动机则采用电容启动-电容运转型，即 CSR 型。CSR 型有两个电容器，一个是永久接入的电容器，另一个是启动完毕要从电路中切除的启动电容器。启动电容的瞬时接入是靠启动继电器完成的。在空调器中，常用电压式启动继电器。

(1) 普通风冷型单相空调器电路。图 1－19 所示的是我国较早生产的制冷量为 3489W 的单相风冷型窗式空调器的电气控制电路。电路中装有温控器、过载保护器和主控开关。压缩机和风扇电动机均为电容运转型。

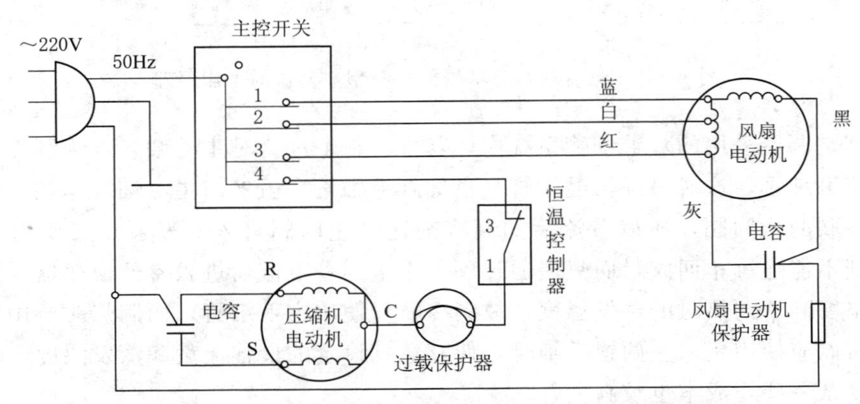

图 1－19 普通风冷型单相空调器的电气控制电路

主控开关用于接通风扇电动机和压缩机电动机的电源开关。当主控开关转在 1、2、3 位置时，压缩机电路均不接通，只有风扇电动机电路工作，风扇可在“低速”“中速”和“高速”挡运转，空调器只通风，不制冷。

当主控开关接通压缩机电路时，风扇电动机电路必然接通。风扇电动机高速运行为“高冷”，低速运行为“低冷”。

温控器可以自动控制室内温度，使室温恒定。

(2) 热泵型房间空调器电路。热泵型房间空调器的电气控制电路如图 1－20 所示。当冷热转换开关在制热位置，且主控开关在“强”位置时，图中 4—5、4—6 接通；当主控开关在“中”位置时，图中 4—1、4—6 接通。这时四通阀线圈通电，使四通阀切换到制热状态。

当室内温度计测出低温时，C－H 接通，压缩机 CMR 运转，室内加温；当室内换热器表面温度降低时，防止冷风温控器接通，室内风扇继电器动作，使 Ry1 断开，室内风扇停止运转，防止冷风指示灯亮。防止冷风温控器感温管感受到温度上升时，Ry1 又回到原来的位置，室内风扇又开始运转，进入制热状态。除霜运转根据除霜温控器感温包感受室外换热器表面的温度和除霜定时器调定的除霜时间，接通相应开关后，使除霜继电器工

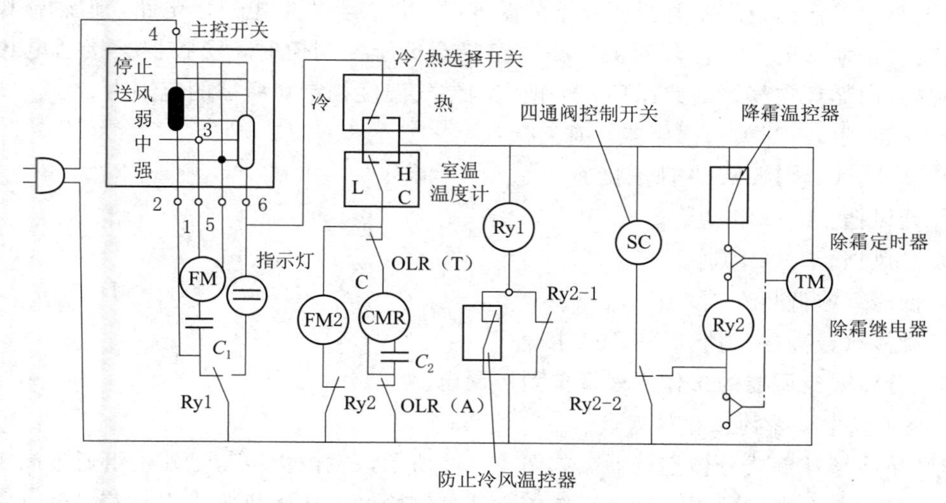

图 1-20　热泵型房间空调器的电气控制电路

作。Ry2-2 接通四通阀线圈电路，使电磁阀换向，系统由制热循环转入制冷循环，利用压缩机压缩热对室外机组进行除霜。与此同时，Ry2-1 接通，Ry1 随之动作，使室内风扇停止运转。

除霜时间由除霜定时器控制。除霜完毕，Ry2 复位，电磁换向阀又切换到制热循环。这时，Ry2-1 虽已断开，但只要室内侧换热器表面温度还低，室内风扇就仍不会工作，直到防止冷风温控器触点断开，室内风扇才会恢复运转。

（3）电热型空调器电路。电热型空调器在冷风型空调器的基础上装配了几组电热丝，使空调器夏季能制冷，冬季通过电热丝发热能制热。电热型空调器的电气控制电路如图 1-21 所示。制热时，通过冷热转换开关切断压缩机电路而接通电热丝电路，这时仅

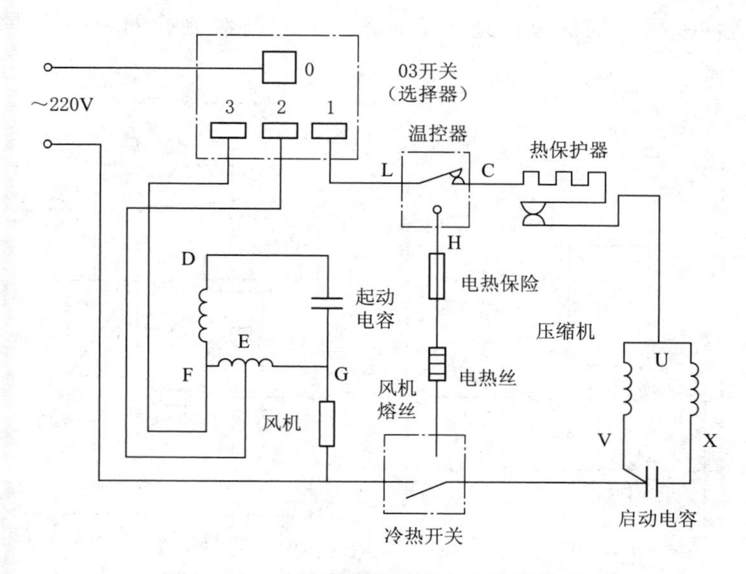

图 1-21　电热型空调器的电气控制电路

风机与电热丝工作。当室温升至所要求的温度时，温控器切断电热丝电路，但轴流风扇仍然继续运转，使室内空气循环对流。当室温降至低于控制值时，温控器又接通电热丝电路，加热室内循环空气。如此循环，可把室内空气温度控制在所需的范围内。

图 1-21 中 03 开关（选择器）有五挡：

1）停挡。0 与 1、2、3 都不接通。

2）低风挡。0—3 接通。

3）高风挡。0—2 接通。

4）低冷（或低热）挡。0—1—3 接通。

5）高冷（或高热）挡。0—1—2 接通。

二、分体式空调器的工作原理及典型控制电路

1. 分体式空调器的工作原理

（1）单冷型挂壁式分体空调器。如图 1-22 所示，室内机组与室外机组通过高压管和低压管连接成一个密闭的制冷循环系统。空调器制冷时，压缩机吸入来自蒸发器（室内换热器）的低温、低压制冷剂蒸气，并随之压缩成高压、高温的蒸气排至室外换热器（冷凝器）。轴流风扇吸入室外空气冷却冷凝器，同时将热空气排至室外。这时冷凝器内的气体制冷剂放出热量，冷凝为高压的液态制冷剂。再经过过滤器和毛细管的节流、降压后，通过室内、外机组连接的管道至室内机组蒸发器，在贯流式风机的作用下，与室内空气进行热交换，蒸发器内的制冷剂进行吸热蒸发，使流经蒸发器外表面的室内空气得到冷却。冷却后的空气吹至室内，使室温下降。汽化后的低压制冷剂气体，通过室内外相连接的低压管过热后，被室外压缩机压缩为高压、高温制冷剂气体，再排至室外冷凝器中冷凝。与此同时，由于蒸发器的管壁温度通常总低于被冷却空气的露点温度，因而流经蒸发器的室内空气在冷却的同时，会有部分水蒸气凝结成水滴，沿着蒸发器的翅片向下流到底盘，由排水管排至室外。所以空调器的制冷过程既能调节温度又能降低湿度。经过降温、降湿的空气由离心风扇送回室内，周而复始地不断循环，达到持续制冷的目的，使室内空气舒适凉快。

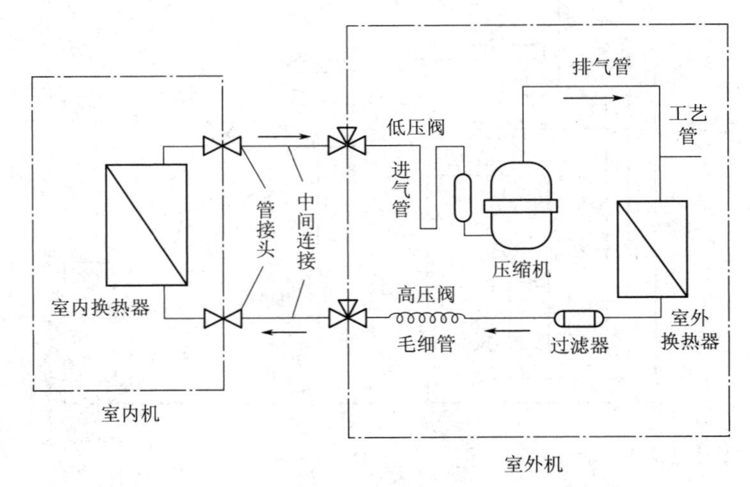

图 1-22　单冷型挂壁式分体空调器的制冷原理

（2）电热型分体式空调器。室内机组装上电加热器即为电热型分体式空调器。空调器制热时，仅室内风扇及电加热器工作，压缩机及室外的轴流风扇均不工作。

（3）热泵型分体式空调器。在分体式空调器上装上电磁换向阀，即为热泵型分体式空调器，如图 1-23 所示。它利用电磁换向阀的换向功能来实现空调器的制冷和制热。

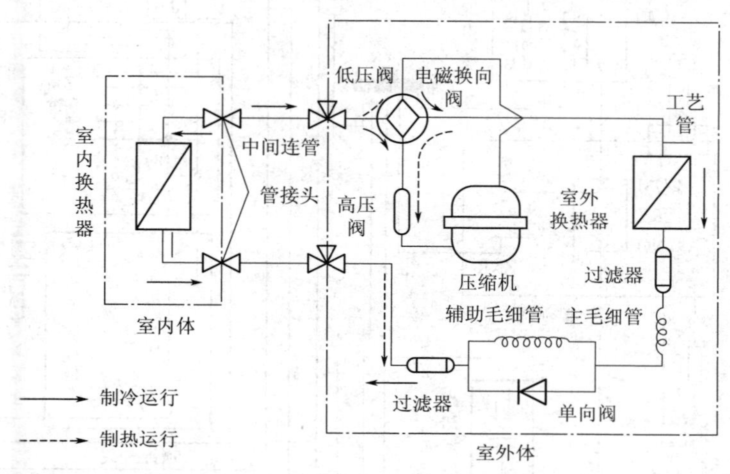

图 1-23　热泵型分体式空调器的制冷原理

当需要空调制热时，将主控开关旋至制热挡，电磁换向阀的电磁线圈通电，使换向阀换向，空调器就向室内供暖气，室外机组轴流风扇排出的是低于室温的冷风。当室外机组的冷凝器结霜后，控制元器件就会自动切断电磁线圈电路，使换向阀换向除霜，同时切断室内机组风扇电路，使空调器不向室内吹冷风。除霜结束后，控制元器件又接通电磁线圈及室内风扇电路，使换向阀再换向，空调器就继续向室内供暖气。

由于冬季的室内外温差比夏季大，所以空调器的制热量需要比制冷量大。为了增大空调器的制热量，可在热泵型空调器室内机组内附加配置电加热器，使之成为热泵辅助电热型分体式空调器。

2. 分体式空调器的典型控制电路

分体式空调器的电气控制线路同样分室内和室外两部分，由室内线控盒或遥控器进行统一控制。现以 KF-32GW 分体式空调器为例进行介绍。

室内部分主要由主令开关、定时器、继电器、风机电动机运转电容、恒温器、冷却指示灯和定时器指示灯等组成，如图 1-24 所示。

室外部分由压缩机、压缩机过载保护器、风扇电动机、风扇电动机电容器、压缩机电容器、温控开关及接线端子组成，如图 1-25 所示。

接通电源后，主令开关拨向“送风”（FAN）挡。这时，主令开关只有触点 2 接通，室内机组的风扇以标准速度运行，压缩机不工作。

当主令开关拨向“高冷”（HIGH）、“中冷”（MID）、“低冷”（LOW）三挡中的任何一挡时，主令开关的触点 1、2、3 相应接通，同时风扇也以相应的速度运行。此时，继电器工作并闭合动合触点，同时恒温器也通电工作。恒温器主要包括变压器、中间继电器、

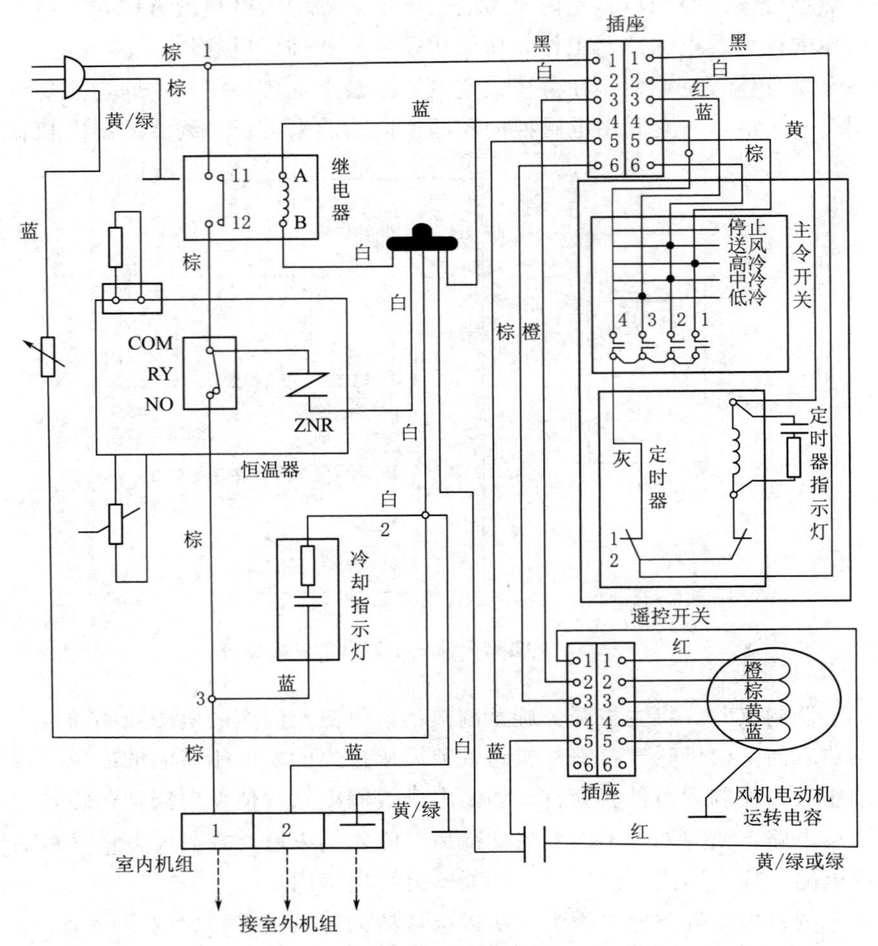

图 1-24 KF-32GW 室内机组的工作原理图

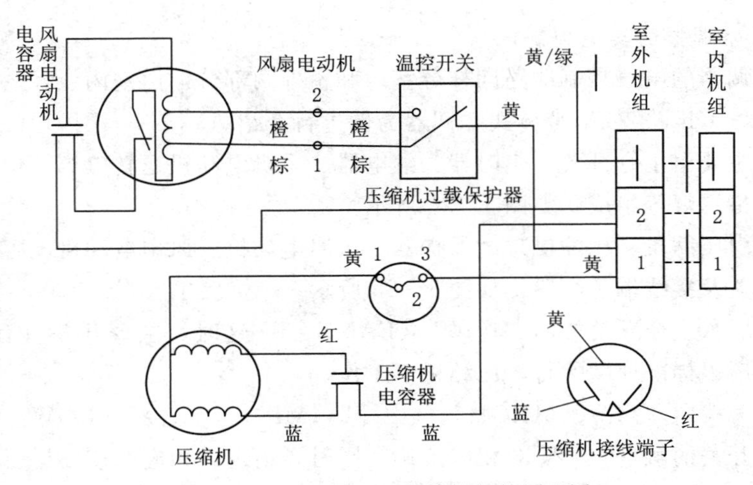

图 1-25 KF-32GW 室外机组的原理图

专用集成电路（以下称 IC）、热敏电阻和可调电阻等，如图 1－26 所示。

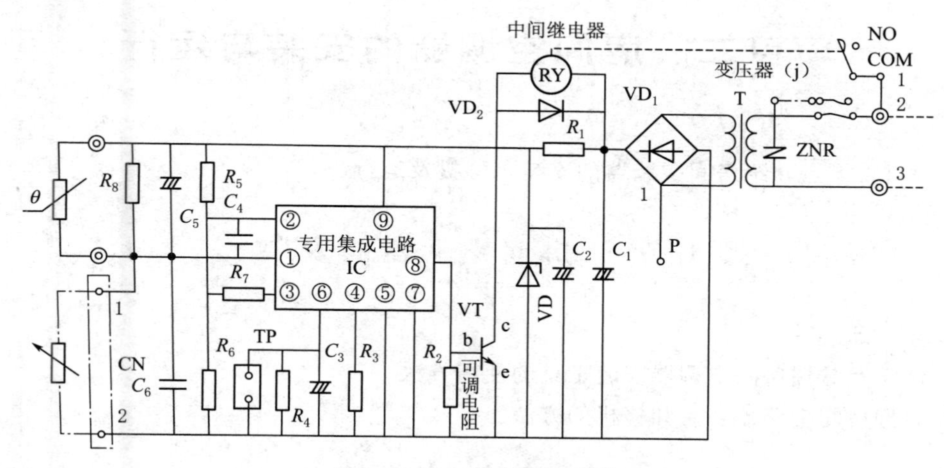

图 1－26　恒温器的原理图

当室内温度高于预先设定的控制温度时，由热敏电阻将温度的变化转为电信号送给 IC，经 IC 处理后输出信号，使晶体管 VT 导通，中间继电器 RY 也随之工作，动合触点闭合，压缩机开始运行，同时室外机组的风扇也启动，其风速受温控开关控制。当冷凝温度高时，温控开关选择高的风速；反之，选择低风速。当室温下降到低于预先设定的控制温度时，IC 输出信号使晶体管 VT 截止，中间继电器 RY 触点断开，压缩机停止运转，同时室外机组的风扇也停止运转。调节可调电阻（此电阻安装在室内机组控制板的恒温器上）可以改变所需控制的室内温度。

项目二　房间空调器的安装与运行

本项目将重点介绍房间空调器的安装、移机及运行。

任务一　房间空调器的安装

学习目标：

1. 认识及掌握房间空调器安装工具的使用方法。
2. 掌握房间空调器安装和移机的方法。

一、房间空调器安装工具

房间空调器安装需要用到的工具有扳手、内六角、锤子、扩管工具、电钻、冲击钻、万用表、肥皂水（检漏）等，如图 2-1 所示。

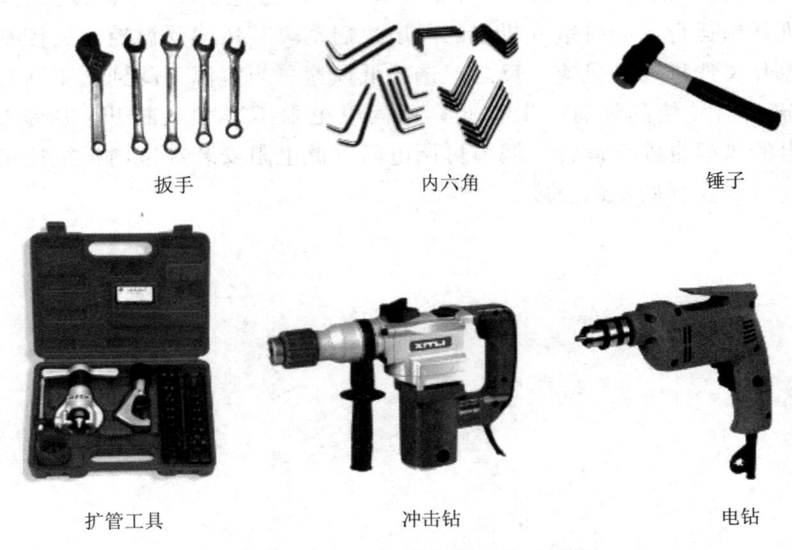

图 2-1　房间空调器安装工具（部分）

二、房间空调器安装

（一）安装要求

在安装空调之前，必须仔细阅读随机附带的空调器安装使用说明书。说明书中都详细记载了空调器随机附带的零部件以及安装注意事项。应根据说明书所检查附带的零部件是否齐全、室内外机是否有破损、安装所需工具是否齐全。

1. 室内机

室内机安装要求如图 2-2 所示。在正常情况下，分体挂壁式空调器的室内机应选择气流循环良好的位置安装，为了装卸方便和便于空气流通，室内机与上方的天花板及左右两侧墙壁之间要留有一定空间，进风口和送风口处不能有障碍物，在环境条件允许的情况下，尽量安装在房屋中间区域，使冷风、热风能送到室内各个角落，安装的位置还要考虑尽可能缩短与室外机之间的连接距离，并确保排水系统的畅通。

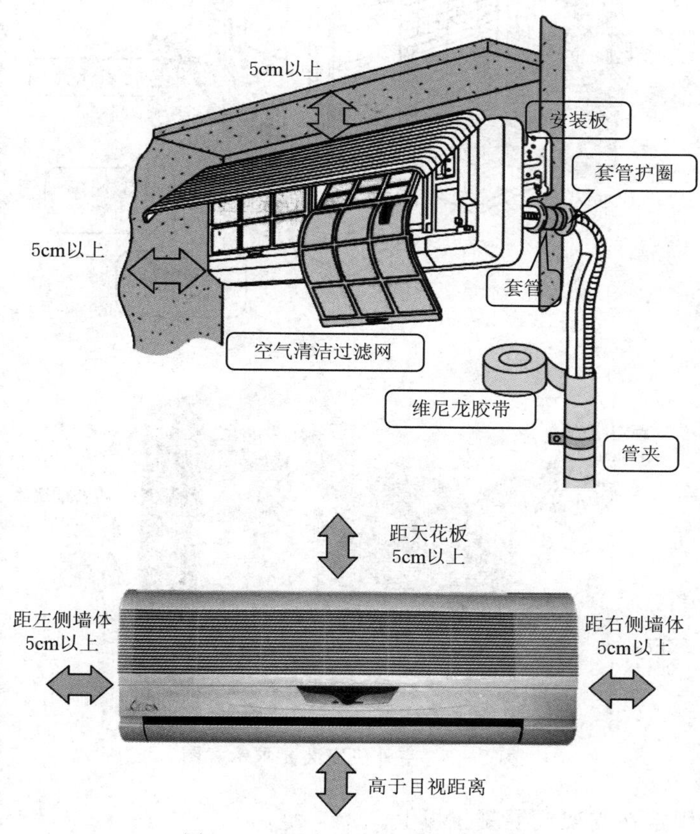

图 2-2　室内机安装要求示意图

2. 室外机

室外机安装要求如图 2-3 所示，应避开可燃性气体、腐蚀性气体、热源和蒸汽源等复杂的环境，安装的位置要考虑不影响他人。

3. 其他要求

(1) 室外机的安装应符合《房间空气调节器安装规范》(GB 17790—1999)。如沿街的室外机必须高出地面 2.5m，不允许冷凝器的风吹向人体。

(2) 室外机安装可参照国家建筑标准设计图 94K303《分体式空调器安装》进行。

(3) 室外机的周围应预留空间，冷凝器的通风应良好。

(4) 室外机的支架应有足够的强度与抗震能力，并能承担安装时的额外负载，通常应大于 180kg。室外机的支架不应设在阳台的护板上，也不应设在轻质外墙上。在实心黏土砖外墙上安装的支架，放置室外机时不许在支架上水平拖动。在实心黏土砖墙上的支架根部不允许拔出来以后再塞进去使用，若原有胀锚螺栓位置不合适，必须在一定距离外重新

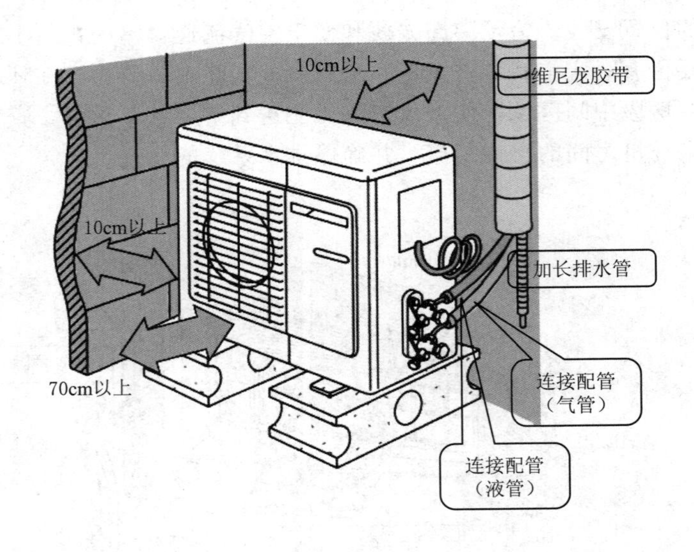

图 2-3 室外机安装要求示意图

打孔。室外机应固定在支架或混凝土板上。

（5）室内机、室外机之间的管道不宜过长，一般不超过 10m，高差不宜超过 5m。室外机的安装高度宜低于室内机；若室外机高于室内机时，应考虑设置油弯以保证润滑油能返回压缩机。

（6）冷凝水的排除应不影响下层用户且不污染建筑物外表面。

（7）房间空调器应安装在远离暖气片、火炉等热源以及强光直射的位置，使用地点不应有强电磁干扰，也不要安装在经常发生振动的位置，并需安装牢固，以免影响机器的正常运转和使用寿命。

（8）房间空调器的电源线和电气控制线及其连接应符合《家用和类似用途电器的安全 热泵、空调器和除湿机的特殊要求》（GB 4706.32—2012）的有关要求，其互连电缆线和控制电缆线的接线端子应有清晰明了的对应标志，电源线与控制线相互间不应交叉、缠绕。

（9）房间空调器的噪声应符合《房间空气调节器》（GB/T 7725—2004）的要求。安装后的空调器不得因安装不良而产生异常噪声和振动。

（二）安装过程

1. 室内机安装过程

（1）首先确定水平安装位置，使用电钻在墙体上打孔，安装胀管，并用A形螺钉将一块固定挂板固定在墙体上，如图2-4第1步所示。

（2）测量空调器背部挂槽的间距，确定第2块挂板的安装位置，并利用水平仪确保两块固定挂板在安装位置上保持水平，如图2-4第2步所示。

（3）用电锤钻穿墙孔，为便于排水，不仅穿墙孔本身要向室外倾斜，而且要确保空调器室内机的安装位置要略高于穿墙孔，使得冷凝水由空调器排水口流出时有一个高度落差，从而使水顺利排出室外，如图2-4第3、4步所示。

（4）钻孔工作完毕，接下来，就是要对室内机进行装配了。先将空调器室内机送风口处垂直导风板上的胶条撕下，如图2-4第5步所示。

（5）室内机的制冷管路从背部引出且很短，如果要与室外机连接，就必须通过连接配管使制冷管路得以延长，如图2-4第6步所示。

（6）连接配管的管口部分，为防止湿气和杂质进入，管口都有塑料防护帽保护，在防护帽内有封闭塞封闭，将气管、液管接口处的塑料防护帽拧下，再将连接配管（液管）管口的封闭塞取下并与由室内机引出的液管相连，将连接配管（气管）管口的封闭塞取下并与由室内机引出的气管相连，将两条管路连接好后，用扳手将各自管路的拉紧螺母（纳子）拧紧，使管路紧密连接，以防止泄漏。连接无误后，用防水胶带缠绕隔热软管与室内机引出管隔热管连接处，如图2-4第7步所示。

（7）在空调器室内机的左侧、右侧和下方共有4个配管孔，可根据空调器安装位置与穿墙孔位置确定空调器室内机管路由哪一侧配管孔伸出，用维尼龙胶带将排水软管、连接线缆、气管和液管缠绕包裹在一起，当连接管路、排水管和线缆伸出墙外后，各自的安装位置不一致，故在缠绕包裹的末端时，要将线缆和排水软管置于包布外面，如图2-4第8步所示。

（8）管路、排水管和线缆缠绕包裹好后，由空调器配管孔伸出，将缠绕包裹好的管路由穿墙孔穿出墙外，穿过穿墙孔时，尽量保证空调器与管路的水平，以避免用力不当而造成管路变形或泄漏，将室内机挂在先前安装好的固定挂板上，左右来回移动一下室内机，看其是否牢靠，如图2-4第9步所示。

（9）双手抓住室内机的前端，将室内机压向安装板，直到听到“咔嚓”声为止，此时室内机即被固定在墙体上了，最后，将穿墙孔与管路的缝隙处用密封胶泥封严。此时分体挂壁式空调器室内机组部分就安装完成了。

2. 室外机安装过程

（1）由于室外机重量比较大，因此安装一定要牢固、可靠。室外机可以安装在建筑物预留的水泥底座上。与水泥座进行固定时可以使用钩形螺柱，安装时将钩状的一端埋入水泥底座的孔穴中，用水泥浇筑后加以固定。目前，多采用角钢支撑架安装固定的方式将室外机安装在墙壁上，如图2-5第1步所示。

（2）在室外选择适当位置安装角钢支撑架，保证牢固且水平。安装完毕，将室外机妥善放置在支撑架上，并用固定螺钉将其固定好，将制冷管路分别与室外机的气体截止阀和

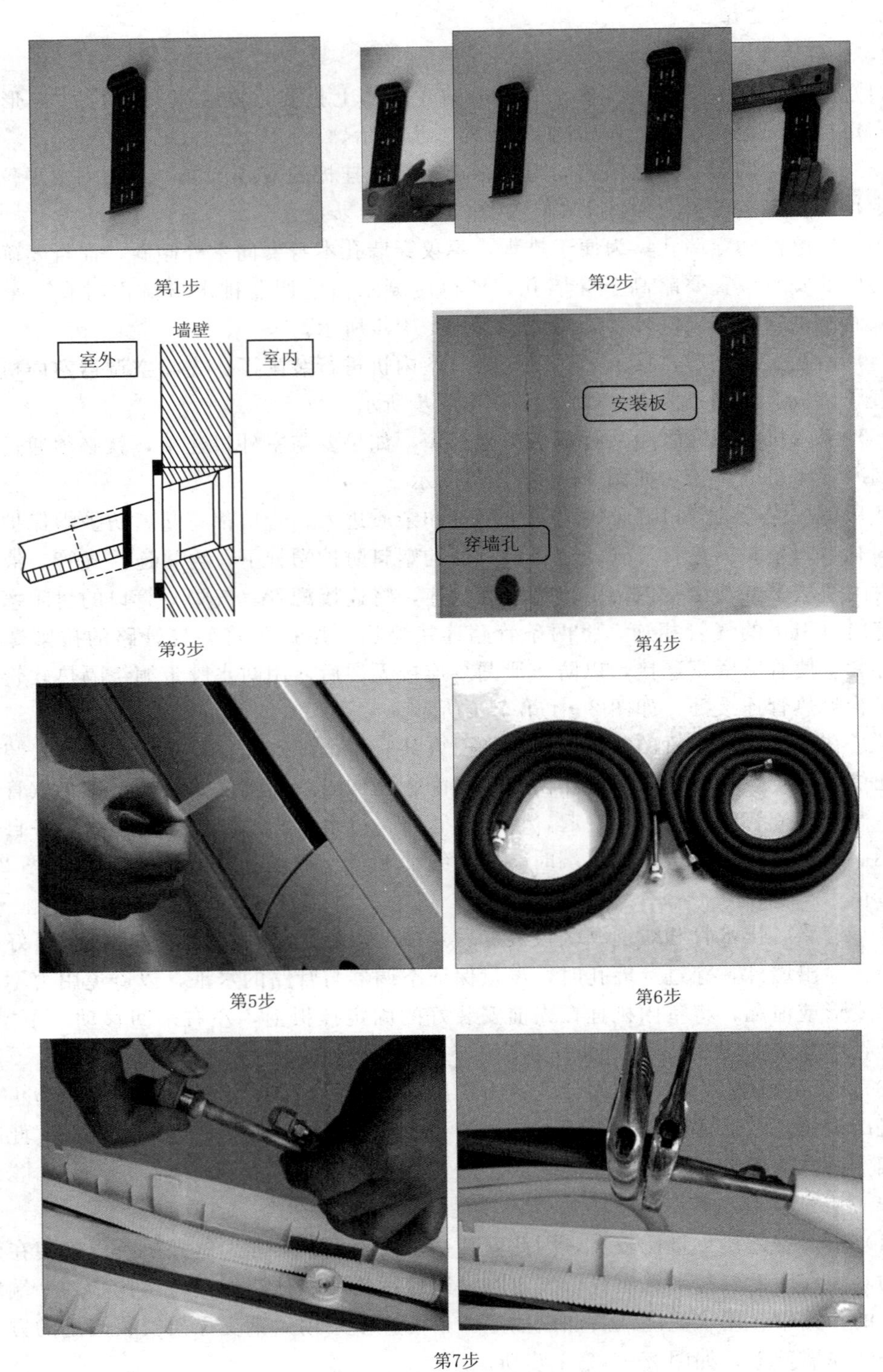

图 2-4（一） 室内机安装过程

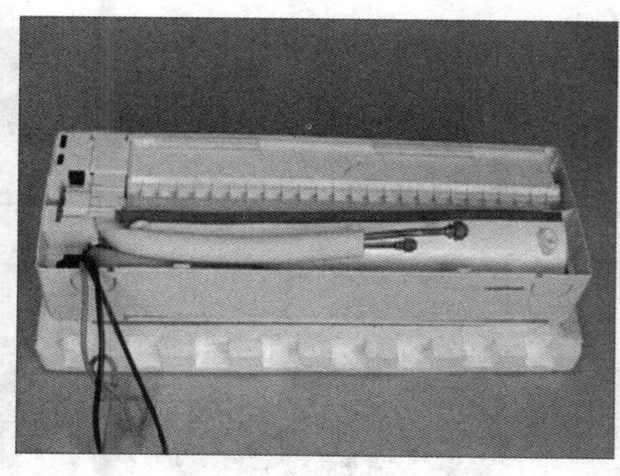
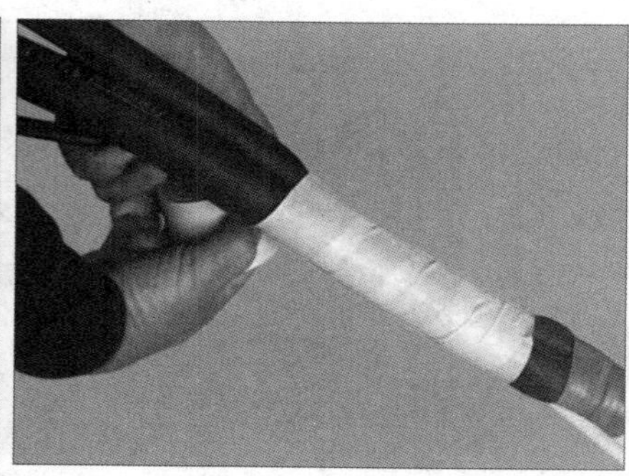

第8步

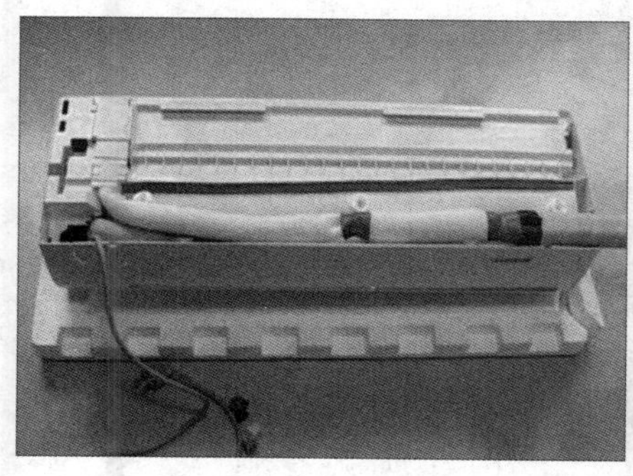
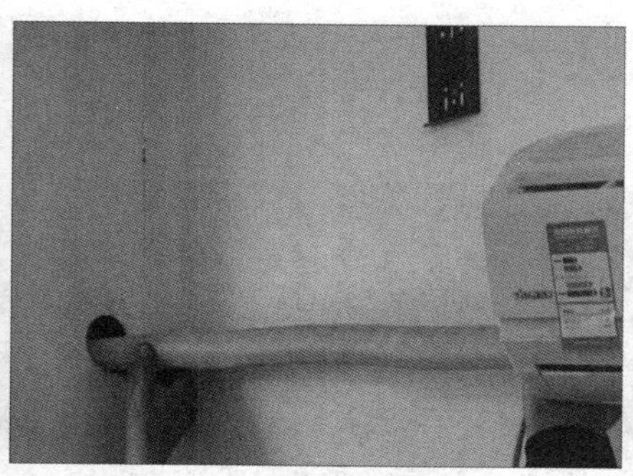

第9步

图 2-4（二）　室内机安装过程

液体截止阀相连，连接时，对准连接配管的中心，用手充分旋紧拉紧螺母（纳子），然后用力矩扳手旋紧拉紧螺母，直至听到“喀嚓”声，即将其卡住，如图 2-5 第 2 步所示。

（3）将室外机接线盒处的保护盖卸下。保护盖通常位于机罩的一侧、截止阀的上方，并由一个固定螺钉与室外机机罩固定，按照标志，将连接线缆一一对应连接到接线盒相应的接口上，并将其相应的紧固螺钉拧紧，为避免连接线缆因外力而造成接头的松动，检查好线缆连接状态后，用压线板将连接线缆压紧固定，将接线盒保护盖重新装好并用螺丝固定，这时室内机与室外机线路的连接就完成了，如图 2-5 第 3 步所示。

3. 室内机、室外机连接注意事项

（1）接线完毕后，一定要再次仔细检查室内机、室外机接线板上的编号和颜色是否与导线对应。

（2）两个机组中的编号与颜色相同的端子一定要用同一根导线连接。

（3）检查接线是否正确。

（4）室内机和室外机连接电缆要有一定的余量。

（5）室内机和室外机的地线端子一定要可靠接地。

三、房间空调器试运行

（一）排出室内机及管路中空气的步骤

制冷系统存在空气对空调器有较大的危害，会影响制冷效率，所以需对系统空气进行排出，空气排除方法示意如图 2-6 所示，排除步骤如下：

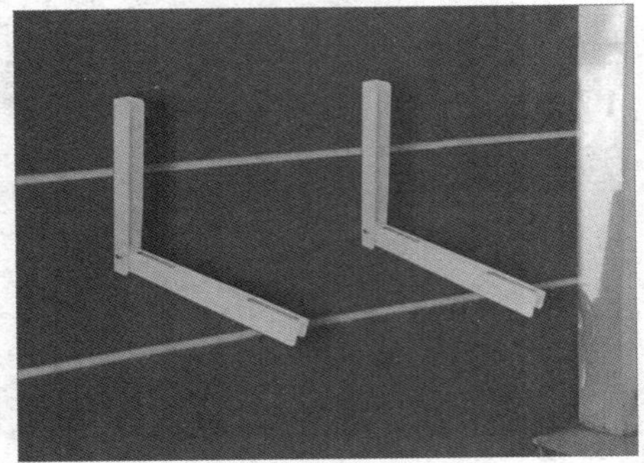

第1步

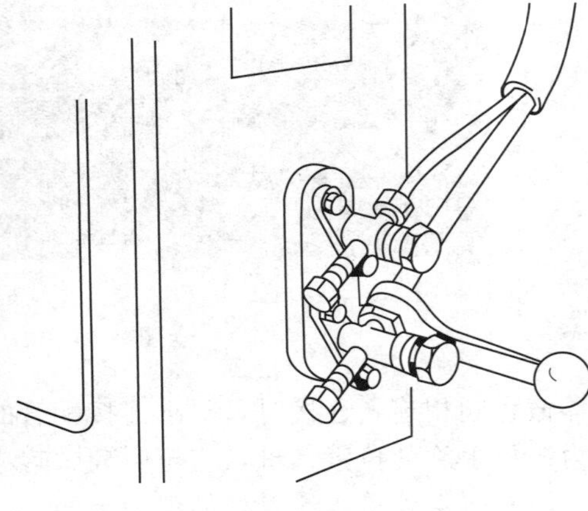

第2步

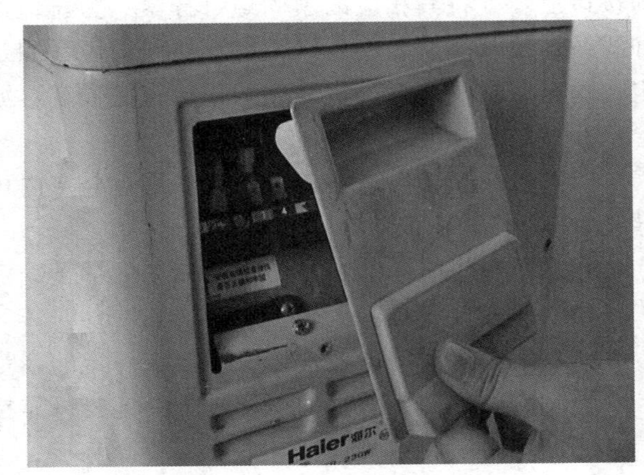

第3步

图 2-5 室外机安装过程

（1）旋松室外机组的气管和液管连接螺母。

（2）用内六角扳手将液体截止阀（二通阀）阀杆逆时针转动 1/4 圈。

（3）用内六角扳手顶住气体截止阀（三通阀）的维修口阀芯 10～15s（柜机 20～30s）后停止排气。

（4）将二通阀、三通阀阀芯用内六角扳手完全打开。

（5）将所有阀帽加冷冻油后拧紧。

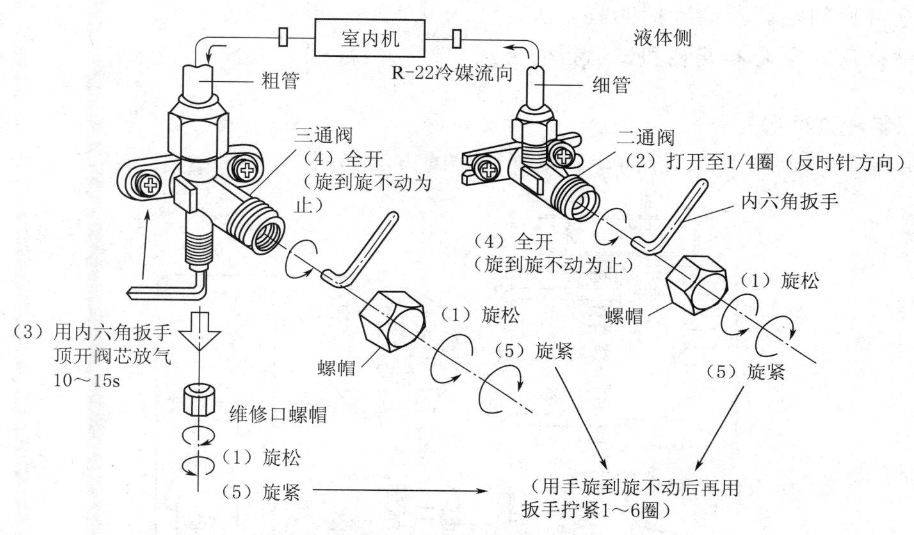

图 2-6　制冷系统空气排除方法示意图

（二）检漏和排水测试

将肥皂水分别涂抹在可能泄漏的室内机、室外机的两个接口和两个截止阀的阀芯处，观察 2min，若有气泡产生，说明有泄漏，如图 2-7 所示。

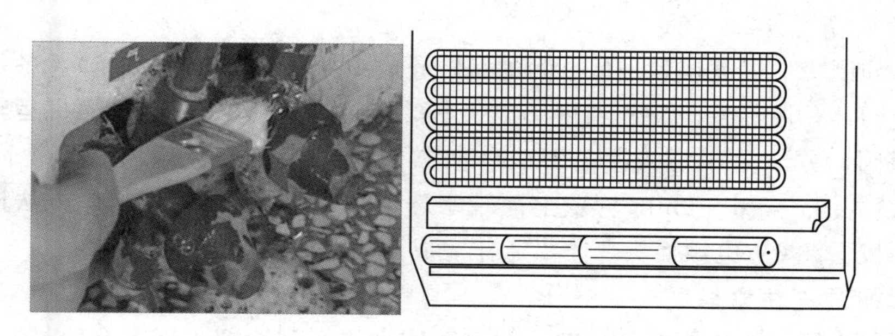

图 2-7　检漏和排水测试

卸下室内机外壳，将水倒入排水槽中，观察其顺着排水软管流向室外的畅通状态。

（三）试运行

接通空调器电源，打开室内机的面板进行手动操作，选择不同的模式，检查运行中有无异常。室内机产生的噪声应该很小，室外机不应有异常噪声。开机 1～2min 后，应有冷（热）风吹出；开机 10min 后，室内应明显有凉（暖）的感觉；开机 15min 后检测室内机进、出口的温差。冷气模式下，温差应大于 8℃；暖气模式下，温差应大于 14℃。停机 3min 后，再次启动空调器，检查空调器的启动性能。

任务二　房间空调器的移机

学习目标：

1. 掌握房间空调器制冷剂回收方法。
2. 掌握房间空调器安装和试运行的方法。

一、制冷剂回收

移机操作之前需回收制冷剂，制冷剂回收的方法如图 2－8 所示。

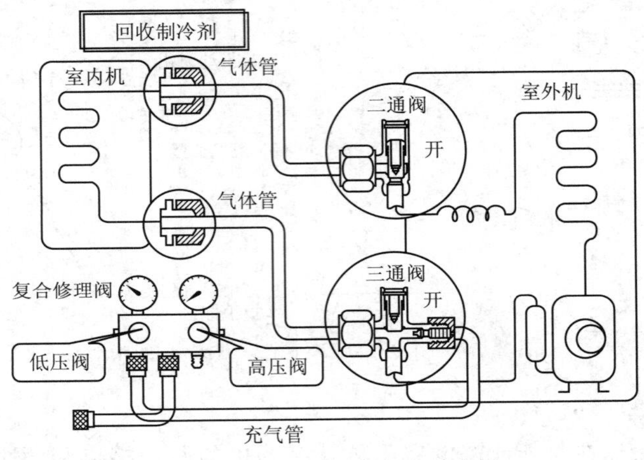

图 2－8　制冷剂回收方法示意图

1. 回收制冷剂方法

打开空调制冷，温度调到最低（为的是防止空调温度到达停止工作），冬季屋内温度低不能制冷的话，用热毛巾蒙住温度感应头，等待运转 5～10min，压缩机运转一切正常后关闭高压阀，方法是用活扳手旋开气体管接口上的保护帽，用内六角把高压管阀门（细）顺时针关闭，等 1～2min 管壁上面结水珠时关闭低压阀门（粗），方法同上，同时关闭空调，拔下 220V 电源插头，收氟工作完成。

2. 回收制冷剂注意事项

要根据制冷管路的长短准确控制时间。时间太短，制冷剂不能完全收回；时间太长，由于低压液体截止阀已关闭，压缩机排气阻力增大，工作电流增大，发热严重。同时，由于制冷剂不再循环流动，冷凝器散热下降，压缩机也无低温制冷剂冷却，所以容易损坏或减少使用寿命。

控制制冷剂回收“时间”的方法有两种：

（1）根据表压。在低压气体旁通阀连接一个单联表，当表压为 0 时，则表明制冷剂已基本回收干净。

(2) 根据经验。一般 5m 的制冷管路回收 48s 即可收净，有的文章介绍为 3min 不可取。回收制冷剂时间长会使压缩机负荷增大，声音变得沉闷，空气容易从低压气体截止阀连接处进入。

注意：杂牌空调器阀门质量不好，只有当阀门完全打开或完全关闭才不漏气。回收制冷剂时，关闭低压气体截止阀动作要迅速，阀门不可停留在半开半闭状态，否则会有空气进入制冷系统。

回收制冷剂时，若看到低压液体管结霜，说明截止阀阀门漏气。这时需停止回收制冷剂，按空调器低压液体管的外径，制作一个密封堵。方法是：一端做好纳子口，另一端先按空调器公制或英制要求配好纳子放入管内。纳子放入后，把上端锤扁并用银焊焊好。密封堵制作好后，再回收制冷剂，待制冷剂收净同步停机。用扳手拧下漏气截止阀纳子，迅速拧好密封堵。动作要快，以防止室外机储存的制冷剂漏光，给以后的抽真空带来麻烦。

回收制冷剂时，若用遥控器不能开机，可采用室内机强启按钮开机，并同时观察室内机、室外机是否有其他故障。

二、拆机步骤

1. 回收制冷剂

回收制冷剂方法如上。

2. 空调拆室外机

拆卸室外机需 2 个人操作。先用尼龙绳一端系好室外机中部，另一端系在牢固处。拧开室外机连接高压管锁母后，用准备好的密封胶带密封好外机连接接头的丝纹，再上好二次密封帽。用改锥从室外机上卸下控制线，分清电线位置。然后拆下固定膨胀螺栓。使用 10 年以上的空调器，经过风吹雨淋加之锈蚀，4 个固定螺丝很难用扳手拧下，在高层楼用钢锯把螺丝锯断也有一定难度。最好的办法是一个人扶室外机，另一个人用扳手拧支架螺丝，连支架一起拆下。在拆卸时，高层楼作业要系好安全带，脚要踩实。头部必须戴安全帽，避免楼上玻璃破碎砸伤自己。使用的扳手要用绳子系在手腕上，同时和用户商量让用户去劝请行人避开，以避免楼上坠物砸伤行人。操作时要谨慎，任何物件（即使是一只螺母）也不得掉下去，否则后果不堪设想。

3. 空调拆室内机

用 2 个扳手把室内机连接锁母拧松，然后用手旋出锁母，用改锥卸下控制线。单冷型空调器控制线中，有 2 根电源线，1 根保护地线。接线端子板有 A、B 和 1、2 标记。冷暖两用型空调器控制线及电源线都在 5 根以上。若端子板没有标记，控制线又是后配的，最好用钳子在端子板端剪断控制信号线或用笔记下端子板线导，以免安装时把信号线接错，造成室外机不运转或室外机不受控故障。

室内机挂板多是用水泥钉锤入墙中固定的。水泥钉坚硬无比，拆卸起来要有一定技巧。方法是：用冲子撬开一侧并在冲子底下垫硬物，用锤子敲冲子能让水泥钉松动，这样拆挂板较容易。

三、再次安装步骤

(1) 首先将固定架子固定好，穿墙管孔打好；空调内、外机分别固定好，尤其是固定室内机时一定要注意安装平衡，实在不好装平衡时，宁可右边稍低也切不可左边低，因为所有的空调室内机接水盘的出口都在右边，这样有利于排出冷凝水。

（2）将内外空调管道正常连接并紧固，紧固前最好将少量冷冻油涂抹于铜管喇叭口接口处，冷冻油在制冷维修店都有，用量极少（小于 1mL），这是为了增加管口的密封性。记住只能涂抹冷冻油，如果没有宁可不涂，万不可涂其他东西。这个步骤还有一点需注意：各种管道口或者封口不到连接之时不要提前打开，阴雨天气禁止管道操作，要防止异物和水进入管道内部。

（3）打开较细管道（排气管或液管）的阀门。

（4）用扳手将室外机上较粗管道（回气管或气管）的连接纳子（管接头上的黄铜螺丝帽）拧松一点直到能够听到明显的放气声音，放气 5s 即可。

（5）迅速重新拧紧较粗管道的连接纳子。

（6）用肥皂水将所有连接管道的接口检漏。肥皂水的制作可将肥皂打在一块浸透了水的海绵上直至轻轻一捏出沫，用肥皂沫涂抹接口处，观察有无气泡冒出，如有气泡冒出说明该处泄漏，就得再次加力紧固（这个环节至关重要，如搞不好空调则不能正常使用，或当时正常而用不了多长时间就需维修）。

（7）检漏结束后连接线路、包扎管线即可调试使用。

项目三　房间空调器的维修

本项目将重点介绍房间空调器常见故障的分析、判断及排除。

任务一　房间空调器故障分析及排除方法

学习目标：

1. 掌握房间空调器故障分析方法。
2. 掌握房间空调器故障排除方法。

一、故障分析方法

对空调器故障的检查、判断遵循“一看、二摸、三听、四测”的方法。

1. 一看

仔细观察空调器的外形是否完好，各部件有无损坏；空调器制冷系统各处的管路有无断裂，各焊口处是否有油渍，如有较明显的油渍，说明焊口处有渗漏；电气元件安装位置有无松脱现象。对于分体式空调器可用复式压力表测一下运行时制冷系统的运行压力值是否正常。在环境温度为30℃时，使用R－22作制冷剂的空调系统，采用低压表压力测试的运行压力值应在0.49～0.51MPa范围内，高压表测试的运行压力值应在1.8～2.0MPa范围内。

2. 二摸

将被检测的空调器冷凝器和压缩机部分的外罩完全卸掉。启动压缩机运行15min后，将手放到空调器的出风口，感觉一下有无热风吹出，有热风吹出为正常，无热风吹出为不正常；用手指触摸压缩机外壳（应确认外壳不带电）是否有过热的感觉（夏季摸压缩机上部外壳应有烫手的感觉）；摸压缩机高压排气管时，夏天应烫手，冬天应感觉很热；摸低压吸气管时应有发凉的感觉；摸制冷系统的干燥过滤器表面时，感觉温度应比环境温度高一些，若感觉到温度低于环境温度，并且在干燥过滤器表面有凝露现象，说明过滤器中的过滤网出现了部分“脏堵”；如果摸压缩机的排气管不烫或不热，则可能是制冷剂泄漏了。

3. 三听

仔细听空调器运行中发出的各种声音，区分是运行的正常噪声，还是故障噪声。如离心式风扇和轴流风扇的运行噪声应平稳而均匀，若出现金属碰撞声，则说明是扇叶变形或轴心不正。压缩机在通电后应发出均匀平稳的运行噪声，若通电后压缩机内发出“嗡嗡”声，说明压缩机出现了机械故障，不能启动运行。

4. 四测

为了准确判断故障的部位与性质，在用看、摸、听的方法对空调器进行了初步检查的基础上，可用万用表测量电源电压，用兆欧表测量绝缘电阻，用钳形电流表测量运行电流等，并分析这些电气参数是否符合要求；用电子检漏仪检查制冷剂有无泄漏或泄漏的程度。

分析空调器常见故障的原则是：从简到繁，由表及里，按系统分段，推理检查。先从简单的、表面的分析起，而后检查复杂的、内部的；先按最可能、最常见的原因查找，再按可能性不大的、少见的原因进行检查；先区别故障所在的位置，而后再分段依一定次序推理检查。简单地说就是遵循筛选及综合分析的原则。了解故障的基本现象后，便可根据空调器构造及原理上的特点，全面分析产生故障的基本原因；同时也可根据某些特征判明制冷系统产生故障的原因，再根据另一些现象进行具体分析，找出故障的真正原因。

二、空调器常见的“假性故障”

房间空调器故障的检查方法与电冰箱故障的检查方法基本相同，但空调器又有自身的特点，它比电冰箱多了制热功能和通风循环系统，控制机构也比电冰箱复杂。有时空调器中某一部分发生故障，就可使整个空调器工作不正常。因此，在空调器出现故障，动手进行维修前，首先要判别：空调器工作不正常或不能工作是使用不当，还是空调器确实出现了故障？故障的部位在哪里？切忌在没有搞清楚之前，乱拆乱卸，否则不但不能排除故障，反而会造成新的故障或将原故障搞复杂。

空调器使用不当或使用者误以为的故障，一般称为“假性故障”。空调器常见的“假性故障”有以下几种。

1. 空调器制冷（热）量不足

空气过滤网积尘太多，室内外热交换器上积有过多尘垢，进风口或排风口被堵，都会造成空调器制冷（热）量的不足；制冷时设置的温度偏高，使压缩机工作时间过短，造成空调器平均制冷量下降；制热时设置的温度偏低，也会使压缩机的工作时间过短，造成空调器平均制热量下降；制冷运行时室外温度偏高，使空调器的能效比降低，其制冷量也会随之下降；制热时室外温度偏低，则空调器的能效比也会下降，其热泵制热量也会随之降低；空调房间的密封性不好，门窗的缝隙大或开关门频繁，都会造成室内冷（热）量流失；空调器房间热负荷过大，如空调房间内有大功率电器，室内人员过多，都会使人感到空调器制冷（热）量不足。

2. 空调器工作时产生异味

空调器刚开机时有时产生一种怪气味，这是烟雾、食物、化妆品及家具、地毯、墙壁等散发的气味附着在机内的缘故。因此，每年准备启用空调器前，一定要做好机内外的清洁保养工作，运行过程中也应定时清洗过滤网。平时在空调房间内不要吸烟，空调停机时，应经常开窗户通风换气。

3. 空调器频繁开、停机

制冷时设定的温度偏高，或制热时设定的温度偏低，都会造成空调器工作时制冷系统的压缩机频繁地开、停机。此时，只要将制冷时设定的温度调低一点，或将制热时设定的温度调高一点，压缩机的开、停机次数就会减少。

三、空调器制冷系统常见故障与维修

（一）空调器压缩机常见故障与维修

1. 故障分类

空调器所用的制冷压缩机有全封闭往复活塞式、旋转活塞式和旋转滑片式等几种类型，其常见故障有以下几种。

（1）机械类故障。这类故障主要是由于零件的机械磨损、零件疲劳损伤、制冷剂混有水分后对零件的腐蚀及修理不当所造成的。如压缩机“咬煞”、压缩机效率变差或失去工作能力、压缩机有撞击声、压缩机接线柱处有泄漏等。

（2）电器类故障。这类故障主要是由于供电电压不稳，压缩机过载、过热，冷冻润滑油变质，电器元件本身损坏及电路接线错误等造成的。如压缩机电动机绕组短路、断路、烧毁、接地或压缩机的启动、过载保护器失灵等。

2. 故障判断及维修

（1）压缩机效率变差的故障判断。压缩机效率变差一般表现为排气压力下降、吸气压力升高。

（2）压缩机“咬煞”的故障判断。通电后压缩机不运转，过载保护器随即起跳；断开电源后用万用表测量压缩机的 3 个接线柱，阻值关系正常，即可判断压缩机出现了“咬煞”故障。

（3）压缩机内电动机损坏的故障判断。通电后压缩机不能启动，电源保险丝立即熔断或电源上的空气开关跳闸，发生此种故障现象时，可粗略判断为压缩机内电动机出现了故障（电路没有出现短路的情况下）。出现此种故障时，一般应更换压缩机。

另外，空调器内电动机绕组还会出现“断路”故障。判断方法是：用万用表测压缩机外壳上的 3 个接线柱，若任意两个接线柱间的阻值为无穷大，即可判断为压缩机电动机绕组“断路”。排除的方法是更换压缩机。

（4）压缩机外壳上接线柱“渗漏”故障的判断。空调器在运行过程中，出现制冷能力变差，而压缩机运行状态正常，此时可粗略判断是制冷系统中出现了制冷剂泄漏的情况，造成了空调器制冷能力变差。确认渗漏后，若很微弱，可用胶粘的方法进行排除。即可选用能耐高温、耐油脂、可粘接金属的组合型胶水进行粘补。为保持粘补面的清洁，可在粘补前用毛笔蘸丙酮溶液将粘补面擦干净，然后涂上配制好的胶水，在室温条件下固化 24h 后，再检测其是否渗漏，若不渗漏，即可补氟，恢复制冷系统正常工作。若接线柱处泄漏很严重，一般则采取更换压缩机的方法进行故障的排除。

（二）空调器压缩机冷冻润滑油变质的判断与更换方法

1. 判断冷冻润滑油是否变质的方法

判断冷冻阀滑油是否变质可采用滴纸法和对比法两种方法。

2. 空调器压缩机更换冷冻润滑油的方法

具体操作方法如下：

（1）将准备好的冷冻润滑油放入一个干净的小容器中。

（2）将压缩机装回空调器的原安装位置上，在压缩机的排气管上接一只复式三通修理阀，连接时把三通修理阀的中间管道与压缩机排气管相连，左侧的管道放入盛有冷冻润滑油的容器中，右侧管道与真空泵相连。

（3）将三通修理阀左侧阀门关闭，右侧阀门打开，然后启动真空泵运行。

（4）真空泵运行 5～10min 左右停机，关闭右侧阀门，打开左侧阀门，冷冻润滑油在压缩机内外压差作用下流入压缩机内，待容器中冷冻润滑油全部流入压缩机内时，加油工作结束。

(5) 用气焊将压缩机与制冷系统焊好，以便进行下一步维修操作。

(三) 毛细管和干燥过滤器常见故障与维修

1. 毛细管常见故障的判断与维修

空调器制冷系统中毛细管出现“脏堵”后的故障现象是：压缩机运行一段时间后，蒸发器口处仍无冷风吹出或吹出的风温度较高。此时冷凝器侧亦无热风吹出。

毛细管发生“脏堵”以后，最好更换同内径、同长度的毛细管。若手头没有合适的毛细管，可用加热的方法，即用气焊的外焰加热毛细管，将其内部的脏东西烧化。在加热的同时可从毛细管的出口端（即与空调器蒸发器相连的一端）用氮气加压吹气，把积存在毛细管内的脏东西吹出来。

空调器制冷系统中的毛细管还会发生“冰堵”故障，特别是热泵型空调器更易发生此种故障。产生空调器制冷系统“冰堵”故障的原因和电冰箱制冷系统发生“冰堵”故障的原因相似，一般均系制冷系统组装时操作不规范所致。

空调器制冷系统出现“冰堵”故障后的排除方法是：放掉制冷系统中的制冷剂，更换干燥过滤器，然后对制冷系统进行长时间的抽真空，以求彻底清除系统残存的水分。充灌制冷剂时一定要按规范要求进行。

2. 干燥过滤器常见故障的判断与维修

空调器制冷系统中的干燥过滤器最易产生的故障是“脏堵”。产生“脏堵”故障的主要原因是：制冷系统焊接时操作不规范，加热时间过长，使管道内壁产生大量的氧化层脱落；压缩机长期运转造成的机械磨损产生金属碎屑，制冷系统在加入制冷剂前未清洗干净等。

干燥过滤器“脏堵”故障的排除方法：拆掉“脏堵”的干燥过滤器，用高压氮气（表压 0.4MPa 即可）吹一下制冷系统，重点是高压侧。然后更换新的干燥过滤器。

四、空调器电气系统常见故障与维修

(一) 主电路常见故障分析与维修

1. 空调器用压缩机电动机的主要故障分析与维修

判断空调器用压缩机电动机绕组是否有故障时，测量其 3 个接线柱间的电阻值是关键的一步。空调器用压缩机电动机常出的主要故障是绕组断路、短路和接地。

压缩机电动机绕组断路是由于绕组短路，电流过大而烧毁的。判断时用万用表 $R\times 1\Omega$ 挡测量压缩机电动机 3 个接线柱间的阻值，若某两个接线柱的阻值为无穷大，即可判断为其内部绕组断路。

压缩机电动机绕组短路是由于绕组的绝缘层被破坏，使相邻的导线金属接触，造成匝间短路。电动机出现短路故障，会使运行电流增大，继而烧毁电动机。判断时用万用表 $R\times 1\Omega$ 挡，测量电动机 3 个接柱间的关系，若总阻值小于其中任意两个分阻值之和，就可判断为其内部绕组短路。

当压缩机电动机出现上述故障后，对于房间空调器来说一般采用更换压缩机的方法予以排除。对于大型空调器来说，可将出现故障的压缩机拆下，送专业修理部门重绕电动机绕组。

2. 空调器用风扇电动机的主要故障分析与维修

（1）风扇电动机绕组烧毁是风扇电动机的常见故障之一，其故障现象是：通电后风扇电动机不转，此时应首先依次检查电源、选择开关、风扇电动机运转电容器，在确认上述各部分都无问题的情况下，风扇电动机仍不工作时，可用万用表 R×10Ω 挡测量一下风扇电动机各抽头之间的电阻值，若电阻值为 0 或无穷大，即可判断为电动机绕组烧毁。风扇电动机绕组烧毁后，一般可采取重绕绕组或更换电动机的方法予以修理。

（2）风扇电动机运转电容器也是风扇电路中的易损坏零件之一。风扇电动机电路产生运转电容器损坏的故障特征是：电源正常，选择开关良好，通电后电动机发出轻微的“嗡嗡”声而不能运转。在确认电容器损坏以后，维修方法是用同型号的电容器更换。另外，如果电路中使用的是电解电容器，而空调器又长期不用，电容器中的电解质易干涸，使其容量下降，造成风扇电动机不能正常运转，这一点在维修时要十分重视。

（3）风扇电动机在工作过程中还容易出现电动机转子与轴松动的故障。产生这种故障后，电动机在运转过程中会产生“哗啦、哗啦”的机械冲击声，使空调器运行中噪声增大。判断转子与轴是否松动的方法是：拆掉风扇扇叶和端盖，把转子从电动机机壳中取出。然后用铜箔把轴端包住，以免加紧轴端时损坏轴端。

转子与轴松动后的维修方法是：如果松动严重，应把轴从转子中挤出来，重新加工一根轴，把新轴压入转子孔内，校正位置即可。若没有维修条件，应更换新的风扇电动机。如果松动轻微，可想办法将轴从转子中敲出约 10mm 长，然后用锉刀对称加工出深约 3mm 的凹槽（轴两端均如此处理），然后将轴复位，并在凹槽内灌入环氧树脂，放置约 48h，使其固化即可恢复电动机正常运转。

（4）风扇电动机轴弯曲变形的维修方法。若是轻微弯曲变形，可通过校直方法进行修复，操作方法是：将转子从风扇电动机中拆出，把转子两端轴用顶针固定，取一支铁架台，在其上固定一只千分表，并使表针接触转子表面，用手慢慢转动转子，观察千分表的跳动量，找出最大变形位置，用木条垫在轴上变形处，用铁锤逐点轻轻敲击调直，要边校边试，将轴的径向跳动量控制在 0.01～0.04mm 之间即可。若是轴弯曲变形严重，则应更换转子轴或更换风扇电动机予以彻底排除。

（5）风扇电动机的轴承损坏后的故障特征是：电动机运转时，其内部发出“哗啦、哗啦”的机械碰撞声，机身迅速升温，长时间运转会造成电动机烧毁。若轴承损坏严重，还会造成电动机不能启动运转。

风扇电动机轴承损坏后的维修方法：拆下电动机的端盖，用拉具的拉脚扣住轴承的内圈，缓慢地将轴承拉出。将拆下的轴承放到煤油中浸泡一会儿，然后用毛刷边刷轴承上的油污，边转动轴承，把轴承刷洗干净后，一手捏住轴承的内圈，用手指拨动轴承的外圈，观察其旋转情况。若旋转自如，说明该轴承完好，只是过脏造成工作不正常，涂上黄油后还能继续使用。若转动时噪声较大，有突然停止、卡滞或倒退的现象，说明轴承已磨损，应更换同规格轴承。

3. 空调器用机械压力式温控器的常见故障分析与维修

机械压力式温控器常见的故障主要有感温元件中感温剂泄漏、触点粘连或触点烧蚀等。

机械压力式温控器故障的判断方法是：在空调器在室温达到要求时，压缩机仍不能停机或通电后空调器风扇电动机工作正常，但压缩机却不能正常启动的情况下，可将温控器从电气系统中拆下来，把调节旋钮放置到制冷位置，然后用万用表 $R\times1\Omega$ 挡测量温控器两主接线端间是否导通。若不导通，一般是感温机构中的感温剂泄漏光了，此种情况下应更换同规格、同型号的温控器。若是因为不能停机而要进行检修，可将拆下的温控器感温包放入冰水混合液中 3～5min 后，再用万用表测其两个主接线端间是否导通，若仍导通，说明触点粘连。

机械压力式温控器触点粘连后的维修方法是：用小旋具轻轻撬温控器金属外壳两侧，触点的绝缘板即可取下，用小刀将触点撬开，然后用双零号细砂纸将触点表面打磨光亮即可。

4. 电磁换向阀常见故障的分析与维修

电磁换向阀常见的故障有：电磁线圈烧毁，换向阀内活塞上的泄气孔被堵塞，造成阀体不能换向，电磁换向阀上毛细管堵塞等。

(1) 电磁换向阀不能换向。造成这一故障现象的原因很多，归纳起来主要有以下原因。

1) 电磁阀的线圈烧毁。

2) 电磁换向阀活塞上的泄气孔被堵塞。

3) 制冷系统中制冷剂泄漏，高低压力差减少，使得换向阀换向困难。

4) 电磁换向阀上毛细管“脏堵”。

5) 压缩机效率下降，高低压力差减少，使电磁换向阀不能正常工作。

(2) 电磁换向阀换向不完全。造成这种故障的原因是：换向阀内滑块换向行程开始后，由于换向阀阀体损伤，使活塞不能顺畅运动，无法到达工作位置，造成电磁换向阀换向不完全的故障。遇到这种故障时应更换新的电磁换向阀。

(3) 电磁换向阀内部泄漏。造成这种故障的原因是：电磁换向阀使用一段时间后，阀内聚四氟乙烯活塞上的顶针与阀体上的阀座不密封，造成高压侧制冷剂气体向低压侧泄漏。遇到此种故障现象，排除方法是更换电磁换向阀。

(二) 控制电路常见故障分析

微电脑控制的空调器，其电路部分常见的故障有以下几种。

(1) 开机后空调器不能工作。

(2) 开机后室内风机运转，但压缩机不运转，且故障灯闪烁。可按下述内容进行逐项检查，以求查出故障原因，予以排除。

1) 检查电源是否电压过低或缺相。

2) 检查压缩机电动机的过载装置是否动作或动作后能否复位。

3) 检查室外风扇电机是否工作正常。有时会因室外风扇电机不工作，而引起压缩机高压侧压力过高，导致过载保护器动作，使压缩机不能启动运行。

4) 检查压缩机和室外风扇电动机的接线头处是否有接触不良，从而导致故障。

5) 检查控制压缩机供电电路的交流接触器线圈是否烧毁，造成其不能吸合，而无法接通压缩机电路。

6）检查压缩机保护元件——高低压继电器是否动作，或其内部触头是否损坏，而造成压缩机不能启动。

若上述各项均没有故障，应检查电脑控制板是否本身存在故障而造成压缩机电路不能导通。

（3）空调器启动一会儿就停机，且故障灯闪烁。该故障既可能是制冷系统有故障所致，也可能是电气系统有故障所致。

总之，对于电脑控制的空调器电气系统常见故障的分析，首先对照故障灯的指示，查说明书，或者顺着电气系统的构成元器件，逐步分析、查找，即可找到故障位置，然后进行有针对性的维修。如此可以减少维修中的盲目性，提高工作效率。

任务二　房间空调器常见的故障及检修方法

学习目标：

1．了解和掌握房间空调器常见的故障。

2．掌握房间空调器故障检修方法。

在空调器工作的过程中，用户可以经常去“听”，听听室内机和室外机风扇运行的声音，还有压缩机有没有较为反常的情况，冷凝剂在活动的时候，发出的流液声也需要仔细去听听。再就是“看”，看看室内外机接头的地方是不是断开了、冷凝器上面是不是有尘埃、压缩机的吸管上是不是有结露、过滤器上是不是结霜了等。有时候空调的显示屏上会出现故障代码，通过看这个代码也能发现一些问题。还可以用手去“摸”，摸摸一些零部件的温度是不是正常，有时温度过高也会引起空调故障的出现。最后就是“闻”，闻闻空调周围有没有烧焦的味道，如果有异常，要赶快关掉电源。

一、空调器常见的故障

1．不能启动

空调器不能启动的原因有以下几点。

（1）压缩机抱轴或电机绕组烧坏。压缩机机械故障，使压缩机卡住无法转动；电机绕组由于过电流或绝缘老化，使绕组烧毁，都会使压缩机无法启动运行。

（2）启动继电器或启动电容损坏。启动继电器线圈断线，触头氧化严重；启动电容内部断路、短路或容量大幅度下降，都会使压缩机电机不能启动运行，导致过载保护器因过电流而动作，切断电源电路，空调器无法启动。

（3）温控器失效。温控器失效，触头不能闭合，压缩机电路无法接通，故压缩机不启动。

2．不能制冷

空调器不能制冷的原因有以下几点。

（1）主控开关键接触不良。空调器控制面板上的主控开关若腐蚀，引起接触不良，则空调器不能正常运行。

（2）启动继电器失灵。启动继电器触头不能吸合，压缩机不通电，则空调器不能制冷。

（3）过载保护器损坏。过载保护器若经常超载、过热，其双金属片和触头的弹力会不断降低，严重时还可能烧灼变形。

（4）电容器损坏。压缩机电机通常都配有启动电容器和运行电容器。风扇电机只配有运行电容器。启动电容器损坏，则电机通电后无法启动，并会发出“嗡嗡”的怪声。遇到这种情况时，应立即关闭电源开关，以免烧坏电动机绕组。

（5）温控器损坏。温控器是空调器中的易损器件，用一段导线将温控器上的两个接线柱短路，若压缩机运转则故障出在温控器。

（6）压缩机损坏。压缩机是空调器的“心脏”，压缩机损坏是最严重的故障，压缩机卡缸或抱轴、轴承严重损坏、电机绕组烧毁，都可能引起压缩机不转。

（7）其他原因。离心风扇轴打滑，回风口、送风口堵塞，设定温度高于室温等，都会造成空调器不制冷。

3. 不能制热

冷热两用空调器能在制冷、制热间转换，若间隔在5min以上却不能制热，则可以从以下几个方面进行检查。

（1）温控器制热开关失效。冷热两用型空调器的温控器上均设有控制热运行状态的开关，该开关失效，空调器无法转入制热运行。

（2）电磁换向阀失效。其滑块不能准确移位，热泵型空调器就无法进行冷热切换。

（3）化霜控制器失效。化霜控制器贴装在热泵型空调器室外侧换热器的盘管上，它通过感温包的感温，来接通或切断电磁阀的线圈，使空调器在制冷与制热间切换。所以化霜控制器损坏，空调器不制热。

（4）电热器损坏。电热型空调器电热元件损坏，使空调器不能制热。

4. 风机运转正常但既不能制冷也不能制热

造成此类故障的原因如下。

（1）压缩机损坏。

（2）制冷管道堵塞。尤其是毛细管和干燥过滤器，若被杂质污染或混入水分，则会产生“脏堵”或“冰堵”。

（3）制冷剂不足。若制冷剂泄漏或充入量严重不足，则会严重影响压缩机的制冷和制热运行。

（4）电磁阀失效。

（5）制冷系统中混入过量空气，会使制冷剂循环受阻，制冷效率降低。

5. 制冷（热）量不足

造成此类故障的原因如下。

（1）风机叶轮打滑。风机叶轮打滑，风量减小，因而空调器的制冷（热）量也随之减小。

（2）运行电容失效。运行电容失效，电路功率因数降低，工作电流增大，电机损耗增加，转矩变小，转速降低，空调器制冷（热）量也就下降。

（3）温控器失灵。温控器上如果积尘多，则会使其动作阻力增大，动作迟滞，进而使压缩机不能及时接通电源，于是空调器的制冷（热）量就小了。

（4）压缩机电机绝缘强度降低。压缩机电机绕组浸在冷冻油中，若其绝缘强度降低，会使冷冻油变质，从而使制冷剂性能恶化，压缩机能效比降低；绝缘强度下降严重，还可能造成电机绕组局部短路，使空调器制冷（热）量下降。

（5）连接管道保温不好。若分体式空调器室内、外机组之间连接管道外面的保温护层脱落，则冷（热）量散失加剧。

（6）制冷剂轻微泄漏、充入量不足或过多。制冷管道有少许“脏堵”，毛细管处发生轻微“冰堵”，都会造成制冷量或制热量不足。

6. 蒸发器表面结霜

此类故障有以下两类。

（1）制冷工况时蒸发器结霜。制冷工况时的蒸发器位于室内机组内。造成蒸发器结霜的主要原因有：蒸发器通风散热不好，如离心风机损坏、风道受阻、空气过滤器积尘过多等；设定温度过低或温控器失灵，使压缩机在室温低于20℃时还持续运转制冷；制冷剂量不够，使压缩机吸入口压力过低，蒸发温度过低。

（2）热泵制热工况时蒸发器结霜。热泵制热工况时的蒸发器位于室外机组内。造成蒸发器结霜的主要原因有：化霜控制器失灵，如化霜感温器件错位、触头粘边或接触不良；风机叶轮打滑或风道阻塞；电磁阀或启动继电器失灵，使空调器无法及时转入化霜运行状态。

7. 压缩机“开”“停”频繁

除电源方面的原因，如供电线路负荷过重，电源电压不稳定，电源插头、插座的接线松动等外，压缩机故障原因还有以下几点。

（1）过载保护器动作电流偏小。触头跳脱过早，从而造成压缩机非正常性停机。

（2）启动继电器动、静触头接触不正常。若电机转速基本正常后，启动继电器的动、静触点还粘住，则会造成电机过热，从而引起保护性动作。

（3）温控器感温包偏离正常位置。这可造成温控器微动开关非正常“开”“关”。

（4）电机轴承缺损或缺油，引起电机过热，并引起压缩机频繁停机。

（5）压缩机的电机绕组局部短路或制冷系统压力过高，引起压缩机频繁“开”“关”。

8. 振动大

空调器振动大的原因有以下几点。

（1）整机安装不牢固。安装支架不牢固，紧固螺钉松动，紧固件未配置防震垫圈。

（2）机内零部件安装不良。压缩机、风机、冷凝器、蒸发器等装配时，底座螺钉未旋紧，造成运行时振动大。

（3）压缩机底座设有防震弹簧。为了避免运输过程颠簸摇晃，制造厂常用螺帽将防震弹簧拧紧。用户在安装使用空调器时，宜将底座上防震弹簧帽稍拧松一点。

（4）风机装配不良。风扇叶轮安装时如果与转轴的同心度不一致，风扇转动起来振动就很大，若叶轮松脱、变形或与壳体相碰，则振动就更大了。

9. 噪声大

造成噪声大的原因有以下几点。

(1) 轴流风扇叶轮顶端间隙过小，风扇运行噪声增大。

(2) 制冷剂充入量过多，液态制冷剂进入压缩机产生液击，有较大的液击噪声。

(3) 风机内落入异物或毛细管、高压管与低压管安装不牢固，会发生撞击声、摩擦声等。

10. 漏水

空调器漏水故障有以下两类。

(1) 室内侧漏水。窗式空调器底盘平面室内侧应比室外侧高 5～10mm；若室外侧比室内侧高或两者一样高，则冷凝水就不能通畅地排出室外，其中一部分就会溢出；分体式空调器室内机组上的排水管不能有积水弯，不能折压，否则冷凝水可能溢出；积水盘龟裂、锈蚀、脱焊均会造成漏水。

(2) 室外侧漏水。窗式空调器积水盘室外部分龟裂，轴流风扇甩水圈安装不当，排水管破损等，都可能造成部分冷凝水从箱体吸风百叶窗处溅出。分体式空调器室外排水管破漏、排水管末端浸入水内，亦可能造成室外侧冷凝水外溢。

11. 漏电

造成空调器漏电故障的原因有以下几点。

(1) 相线碰壳。空调器电源线中相线金属芯与底盘金属箱体相碰，整个金属外壳就会带电。

(2) 电机公用点接地。应切断电源，用万用表 $R\times1\Omega$ 挡测量电机的公用点对地电阻，若该电阻值为零，则说明公用点接地。

12. 压缩机运转不停

空调器压缩机运转不停的原因有以下几点。

(1) 温控器失灵。温控器动作机构卡住、触点粘连等，无法及时切断压缩机电源。此外，若温控器感温包的安装位置离吸风口太远，起不到真正的感温作用，则温控器也不能准确地感温动作。

(2) 电磁阀失灵。

(3) 风道受阻。进、出风口或风道内部受阻，影响蒸发器表面冷、热空气的交换。

13. 压缩机超温

房间空调器采用全封闭式压缩机，温升不能太高，一般为 70℃±5℃。若温度超过上限即为超温，其可能原因有以下几点。

(1) 电源电压太低。压缩机的电机长时间欠压运行，会因过电流而超温。

(2) 过载运行。制冷系统中混入空气，制冷剂充入量过多，造成压缩机过载运行，引起超温。

(3) 运行阻力大。制冷系统中混入杂质，造成冷冻油路阻塞，压缩机内转动件润滑不足，摩擦阻力增大，使压缩机超温。

(4) 压缩机吸入温度过高或过低。制冷剂充入量太少，会造成压缩机吸入温度过高。若制冷剂充入量太多，使一部分液态制冷剂进入压缩机引起液击，也会使压缩机超温。

(5) 电机绕组绝缘强度降低。若制冷系统中混入水分，就会使压缩机的电机绕组绝缘强度降低。从而产生泄漏电流，甚至引起匝间短路，造成压缩机超温。

二、故障检查步骤及检查方法

1. 故障检查步骤

第一步：查电源。看有无断电、欠电压或配电设备损坏。

第二步：查电器设备的工作情况。看压缩机电动机、风扇电动机和电磁换向阀及电加热的工作状态是否正常。

第三步：查制冷系统。看有无制冷剂泄漏，冷凝器散热情况和蒸发器吸热情况是否正常；有无“脏堵”或“冰堵”现象。

2. 故障检查方法

进行故障分析时，可采用原理分析、查表和观察、测试等方法。

运用原理分析来判断分体式空调器故障是维修工作中使用的主要方法之一。空调器的故障种类很多，主要故障可以总结为6大类，包括：不制冷、制冷效果不好、不制热、制热效果不好、漏水、噪声大等。下面以挂壁机为例，总结出前4大类故障的检修流程，立柜式空调与其类似。

另外，还可以从分体式空调器制冷运行时冷凝水的排泄情况来粗略判断空调器工作状态是否正常。方法是：当空调器在强冷挡运行15min后，从出水管口应能观察到有冷凝水滴出，说明空调器工作正常，否则说明空调器工作不正常。

空调器完全不制冷，其故障检修流程如图3-1所示。

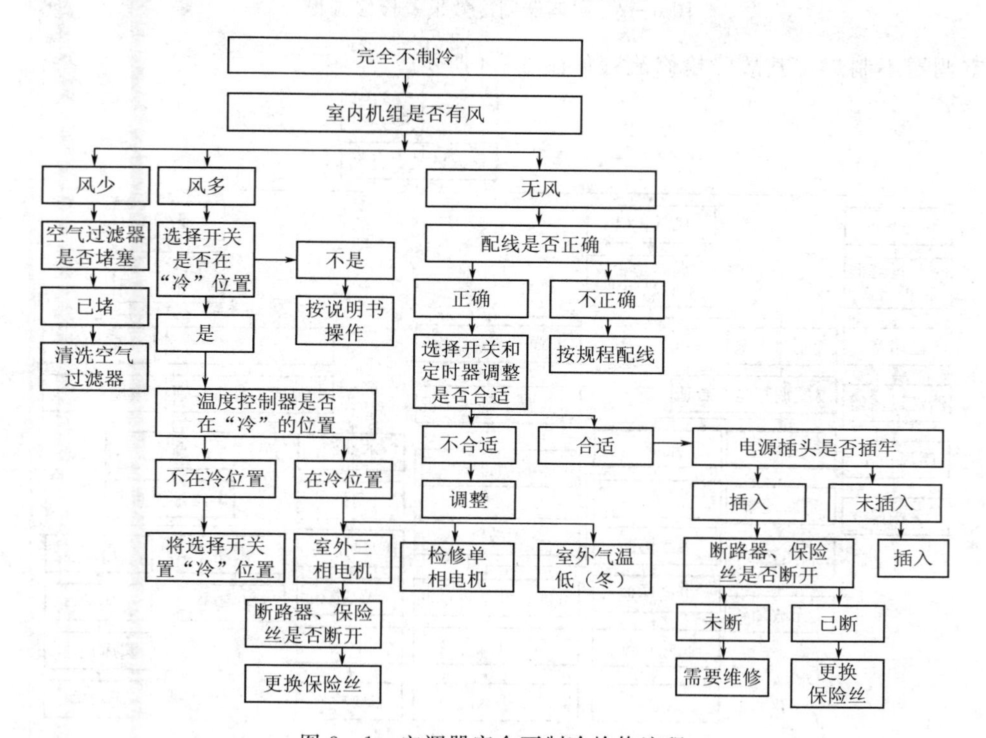

图3-1　空调器完全不制冷检修流程

空调器制冷效果差，其故障检修流程如图3-2所示。

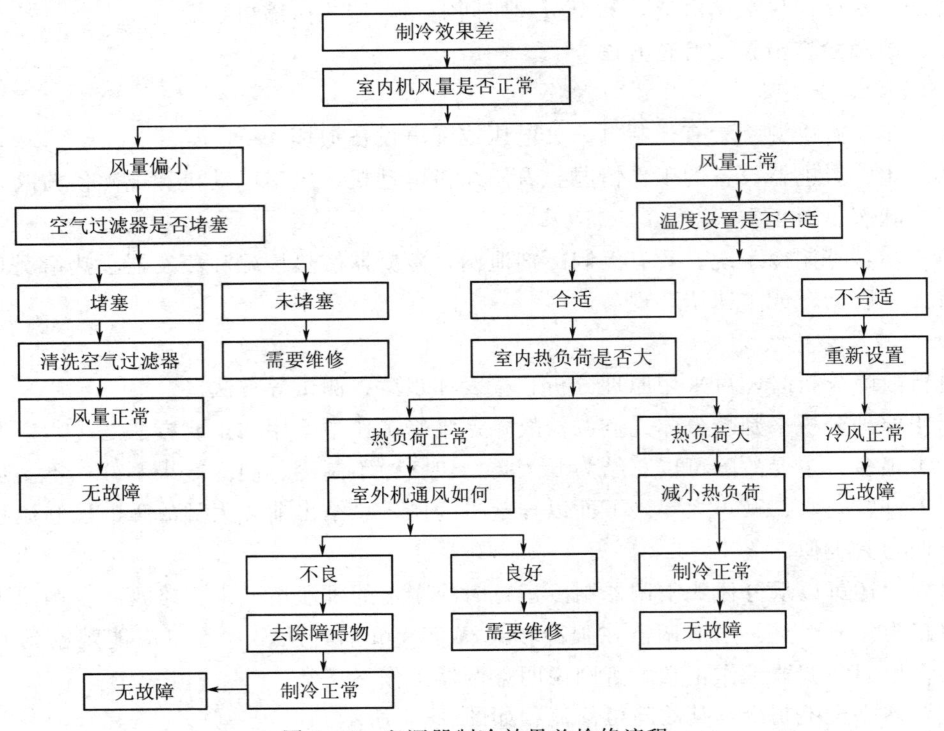

图3-2 空调器制冷效果差检修流程

空调器不制热，其故障检修流程如图3-3所示。

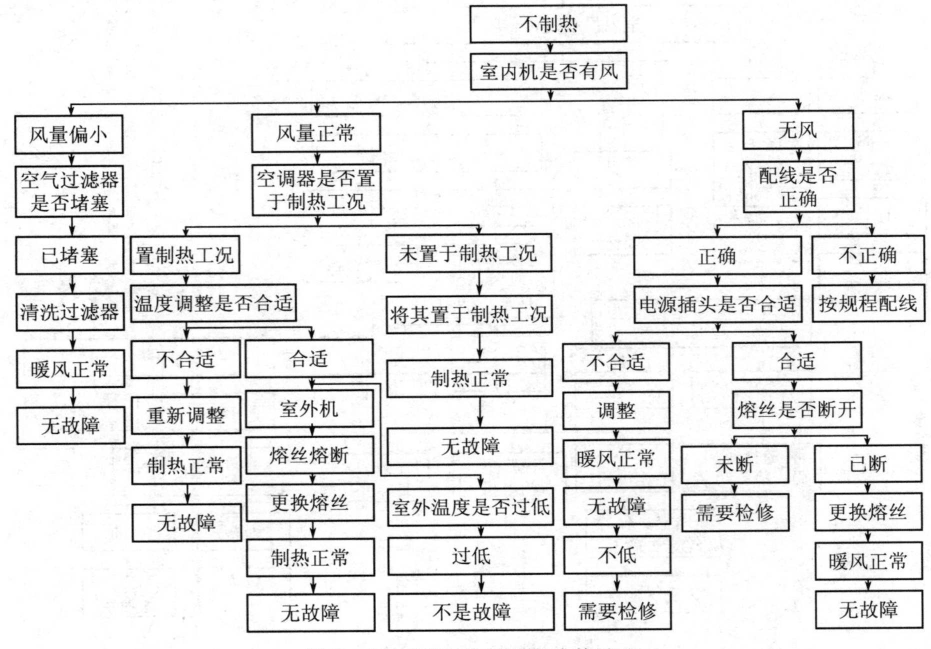

图3-3 空调器不制热检修流程

空调器制热效果差，其故障检修流程如图 3-4 所示。

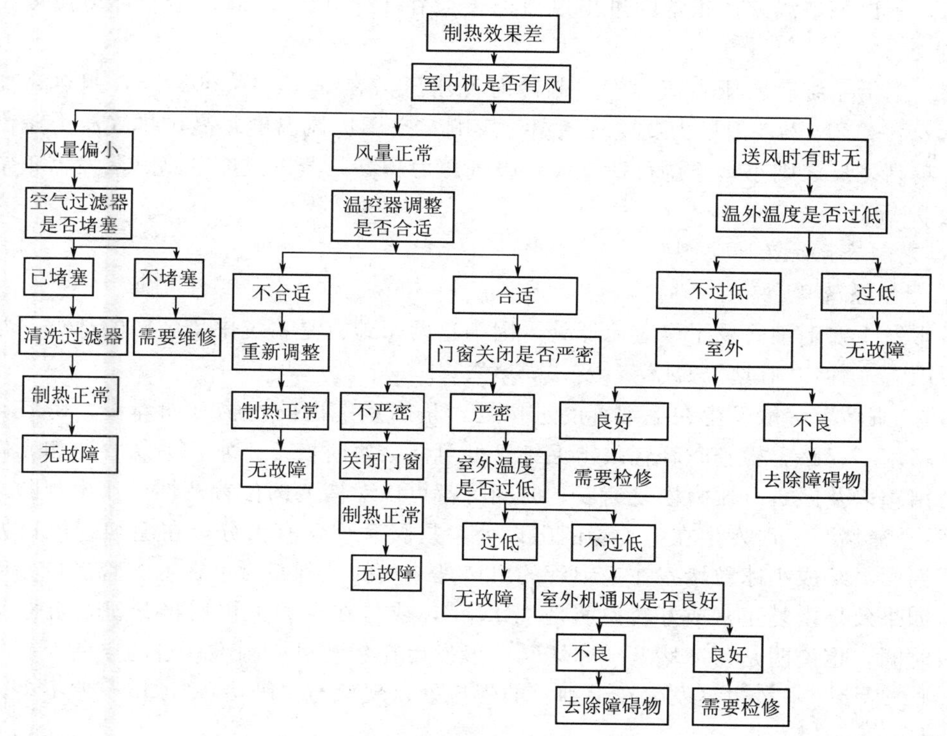

图 3-4　空调器制热效果差检修流程

任务三　典型案例分析

学习目标：

1. 掌握空调器制冷系统故障检修方法。
2. 掌握空调器电气系统故障检修方法。

一、空调器制冷系统故障检修案例

制冷系统故障是空调器维修当中常见的故障，虽然故障现象也是五花八门、千奇百怪，但还是有规律可循、有经验可借鉴的。这里介绍的是空调制冷系统故障的检查步骤，虽然不是必须的，但是维修时应顺着此思路进行检修。

（一）制冷系统检修要点

1. 观察内外机的工作情况

观察内外机的工作情况，如指示灯板的显示情况，内机是否工作，风速输出是否正常，外机风扇、压缩机是否运行，从而判断是电气问题还是系统问题导致的不制冷。

2. 检测空调器各项指标

（1）空调流水情况。一般内机滴水连续空调正常，但流水情况易受环境湿度、温度影响，因此只能作为参考值。

（2）进出风口温差。正常的进出风口温差应在12～14℃，但也会受环境温度、风速的影响。

（3）测量系统管路压力值。一般制冷时低压压力在0.45～0.50MPa，制热时高压压力在1.80～2.2MPa，但压力要受环境温度影响，空调进风温度越高，排气压力越高，冷凝温度越高，反之则小；空调负荷越大，吸气压力越高，蒸发温度升高（蒸发器正常蒸发温度为5～7℃）。

（二）制冷系统故障类型

1. 制冷系统堵

常常发生在毛细管及干燥过滤器处，因为这两个地方是系统中最狭窄的地方，常见的堵塞原因有三种："脏堵""冰堵"及"焊堵"。

（1）"脏堵"一般发生在毛细管的进口处，是因系统内的污物（如焊渣、锈屑、氧化皮等）堵塞了管路。检查时轻轻敲击毛细管处可能会暂时恢复正常，另从管路和元件表面凝露、结霜以及停机时压力恢复速度、时间等都可以对堵塞的位置及性质作出判断。

（2）"冰堵"一般发生在毛细管的出口处，是因系统含有水分，在毛细管出口处突然汽化降温而凝结成小冰粒堵塞在毛细管的出口处造成的。判断时可在毛细管出口处用焊枪加热，如果效果恢复正常或好转说明是"冰堵"，或是在空调关机后再开机，机器又能制冷一段时间，也说明是"冰堵"，"冰堵"一般发生在新装机或刚维修过的空调上。

（3）"焊堵"一般也是发生在毛细管的焊接处，现象与"脏堵""冰堵"差不多，多发生在新装机上。

2. 制冷系统漏

空调制冷、制热的载体是制冷剂，如系统出现漏点，制冷剂泄漏，则空调制冷差或完全不制冷，而空调器出现泄漏的地方主要集中在两器的各焊接头、毛细管焊接处、压缩机吸排气管、喇叭口、铜纳子裂、连接管等处，要检查时可先进行目测，重点检查连接管各接头处，泄漏处一般都有油迹。

3. 四通阀故障

通常在制热时，会发生四通阀吸合不好、串气或卡死等状况，引起制热性能差，在判断时可对四通阀通断电，听其吸合是否良好，在维修时可通过反复给四通阀通电或轻轻敲打四通阀使其复位。

4. 单向阀故障

单向阀在制冷时直接导通，但在制热时制冷剂要通过辅助毛细管，当单向阀密封不严或是辅助毛细管堵塞时，制热则受影响，因此如果空调制冷正常但制热差时，在排除四通阀问题后要重点检查单向阀。

案例一：外机毛细管"冰堵"故障

故障现象：不制冷。

原因分析：上门检查空调，在刚开机时制冷正常，约25min后空调压力、电流降低，用户反应此空调曾换过压缩机，因此排除压缩机本身故障。由于开机25min内制冷基本正常，因此初步分析可能为系统"脏堵"或"冰堵"，打开室外机顶板，观察发现毛细管出口处结霜，用打火机烤结霜处，压力电流恢复正常，判断为系统“冰堵”。后经了解，更换压缩机时正好下雨，有水进入系统。

解决措施：将制冷剂回收到室外机，在外机低压管处加装干燥过滤器，重新排空开机运行，直至“冰堵”完全消除，拆掉干燥过滤器，开机制冷效果正常。

经验总结：维修人员在对系统进行维修时要避免系统进水，否则容易形成“冰堵”。在判断是“冰堵”还是“脏堵”时可以观察外机毛细管处，若结霜的位置是从毛细管进口处开始，则为“脏堵”，若是从毛细管出口处开始则为“冰堵”。

案例二：外机毛细管脏堵

故障现象：制冷效果差。

原因分析：上门开机检查，机器能正常运转，检查室内机过滤网及换热器、室外机换热器都比较干净，不会影响到制冷效果。查室内外风机电容及各项参数正常，测电压为220V、电流为13.5A、低压压力为0.4MPa、无加长管线，室外机压缩机运转也正常，表面看来也未发现节流现象。机器大约运转20min后，再次测量电流及压力，发现电流为15A、系统压力为0.3MPa，制冷效果变差。根据测量数据分析系统有堵或有节流的地方，检查室内外机之间连接管并无问题，不存在节流现象，考虑节流装置（毛细管）位于室外机，因此着重检查室外机毛细管，观察发现连接分配器的毛细管有两组略结霜，由此可以判断是该组毛细管问题。将该分配器与毛细管焊开，发现分配器内部过滤网已经被油泥及异物堵住，但未堵死，从而导致该组毛细管的流量不足而引起节流、结霜。

解决措施：将该机器分配器更换新件后，系统进行氮气清洗，抽真空，充氟后整机运行，效果良好。

经验总结：对于一些用户反映制冷性能较差的机器，应综合考虑，处理思路应清晰，由主到次，由表及里，由外到内进行逐步查找，一般要考虑以下情况。

（1）机器是否正常工作。

（2）室内外机散热情况如何，考虑使用场所有无影响。

（3）室内外风机转速影响散热。

（4）测量各项参数是否正常，从而分析原因。

（5）机器有无管线加长，考虑加长管线对机器性能的影响。

（6）室外机压缩机有无偷停现象，考虑间歇工作的影响。

（7）系统有无节流，考虑冷媒流量对制冷性能的影响。

案例三：内机蒸发器分液毛细管堵

故障现象：制冷效果差。

原因分析：此机为新装机，蒸发器和冷凝器干净，内外机通风正常，检查用户电源正常，内机出风正常。检测室内机进出风口温差偏小，观察室外机连接管处，发现低压管处结霜，因此判断系统氟利昂过多，放掉部分氟利昂后效果更差，分析错误，因此分析系统存在截流。打开室内机面板，触摸蒸发器，发现蒸发器上下部分温差明显偏高，再用手摸内机蒸发器分液毛细管，发现下两路毛细管只有微冷并有轻微结霜，因此判断为此两路毛细管阻塞。

解决措施：焊下此两路毛细管，发现毛细管口处有焊液将毛细管出口处阻塞，更换毛细管后试机正常。

经验总结：根据故障表面现象，很容易误认为系统多氟。分析此类现象时，首先应看室内机风量是否良好，如正常，再查看管路是否二次节流，仔细分析故障现象，最终判断是什么故障。

案例四：外机过滤器“脏堵”

故障现象：不制冷，室外机启停频繁。

原因分析：空调不制冷，室外机启停频繁，室内机能正常遥控运行，但室外机在3min左右启停，且3min内出风不冷，由此初步判断为制冷系统故障，用压力表测试低压侧压力，由于停机时平衡压力为1.1MPa，启动后逐渐降到0.1MPa，停机后逐渐返回到平衡压力，且在外机运行时发现从过滤器到毛细管再到高压管全部结霜，由此可以断定为过滤器“脏堵”。

解决措施：更换新过滤器后，试机一切正常。

经验总结：对于外机启动频繁的故障，首先确认是电路故障还是制冷系统故障。一般过滤器堵会出现以下现象：毛细管出口结霜，蒸发器局部也会结霜，检测低压压力低于正常值，高压压力略低于正常压力，停机平衡压力接近环境温度下的饱和压力，压缩机排气温度及机壳温度升高。遇到电流偏大，跳停现象不一定就是压缩机故障，要综合考虑故障现象，一般空调维修时要检查电流及维修压力，电流大、压力低是系统堵，着重检查过滤器及毛细管。

案例五：蒸发器连接管漏

故障现象：不制冷。

原因分析：用户反映不制冷，经检查，室内外机都运转，排除有接触不良现象，在检测运行压力时发现室外机运行压力为负压，检测内外机管子接头处无漏氟现象，内机蒸发器及外机未发现漏点，当拆下内机检查时，发现蒸发器连接管保护弹簧处有一道裂缝。

解决措施：补焊后再次打压，无漏点，抽真空定量加氟后工作正常。

经验总结：当漏点在内外机都很难找到时，要特别注意蒸发器连接管处，此处十分隐蔽，往往很难发现。

案例六：连接管喇叭口裂

故障现象：制冷、制热效果差。

原因分析：开机制冷运行，整机都工作，内机出风正常，两器也很干净，但进出风口温差很小，运行5min左右，发现内机蒸发器结霜，初步判断系统缺氟，检测低压压力只有0.3MPa，停机加氟检漏内外机及连接管接口，发现低压连接口处有油迹。

解决措施：收氟后拧开接口发现有一细小裂纹，重做喇叭口，高压检漏无漏点，抽真空、加氟试机正常。

经验总结：检查故障一定要思维敏捷、视野开阔，没有条件时依照原理创造条件，分段逐个排除，仔细认真直到问题真正解决。

案例七：连接管铜纳子裂

故障现象：制冷效果差，内机结冰。

原因分析：测试室外机低压压力很低，蒸发器上结很厚的冰，回气管上也结霜，检查未发现管道有折扁现象。打到送风模式，化冰后测低压压力低于正常值，检漏发现室内机连接管铜帽破裂。

解决措施：更换铜帽后抽真空、加氟。

经验总结：具体情况具体分析，一般根据结霜的部位、面积大小来分析故障的原因，一般情况下系统差氟液管会结霜，蒸发器上半部会结很厚的冰。

案例八：高压阀焊漏

故障现象：制冷效果不好且内机漏水。

原因分析：检查空调，整机工作、制冷效果不好。经查发现内机蒸发器结霜，怀疑系统缺氟，测试系统压力很低。检漏发现高压阀阀体连接管处漏，补焊加氟试机正常。

经验总结：因空调缺氟而结霜较多造成内机漏水现象且制冷效果差，漏焊缺氟是问题的根本所在。

案例九：冷凝器分液头焊漏

故障现象：不制冷，“运行灯”和“18”度灯同时闪烁，空调不能开机。

原因分析：此机刚使用两天，用户反映整机出现不制冷故障，上门检查电压为390V，平衡压力为0，据现象及数据分析系统无氟，整机低压保护，打开外机机壳检查发现为冷凝器分液器焊接处有油迹焊裂，导致漏氟。

解决措施：重新补焊后，加氟正常。

经验总结：运行时压力为0，很快就可判断系统氟漏完，应仔细检查漏点，一般漏点处有油迹，出现故障代码，维修起来事半功倍。

案例十：冷凝器U形管焊漏

故障现象：不制冷。

原因分析：空调使用不到1个月，反映制冷效果差。经上门检查，发现压缩机温度较高，电流偏小，只有3A左右，低压压力也只有0.3MPa，而外风机运行正常，怀疑空调制冷系统有堵、漏或压缩机吸排气能力差，将空调拉回维修部，先进行氮气吹污，清洗，然后打压检漏，发现冷凝器下端U形端口焊接处微漏。

解决措施：补焊，抽真空加制冷剂。

经验总结：空调使用时间不长，制冷效果差，多数情况是制冷剂泄漏，维修时最好检漏。

案例十一：四通阀坏

故障现象：一开机空调就制热。

原因分析：上门检查发现开机就吹热风。因是新装机，首先检查线路。发现线路没有接错，则怀疑四通阀有问题，检测发现四通阀线圈电阻正常且通电正常，分析肯定是四通阀卡，因为新装机四通阀坏的可能性小，多是由于轻微卡死。用木棒反复敲打试机故障依旧，由此确定四通阀坏。

解决措施：更换四通阀

经验总结：在维修四通阀时一定要注意不要轻易更换，如遇轻微卡死的现象可用简单的物理方法修复，尤其是使用不久的机器。

案例十二：蒸发器、冷凝器"脏堵"

故障现象：制冷效果不好，风速无明显变化。

原因分析：空调使用场所为一个制衣厂车间，使用面积350m²，共安装了5台5P柜机，用户反映空调当年已多次维修，维修人员进行过加氟、换电控板等处理，但效果始终不好。仔细检查空调电压为380V，电流为9A，低压压力为0.5MPa均正常，但出风口温度偏高。根据以上数据分析，初步判定空调是风量小引起的，可能原因为：①风机问题；②风机电容问题；③过滤网及蒸发器脏；④电控主板问题。检查出风发现风量很小，检查风机、电容，均良好，采用调节风速（高、中、低）来判断风机转速，风机继电器3挡有明显吸合声，但风速没有明显示变化，从而排除电器故障，断定问题可能为蒸发器"脏堵"引起，拆开内机面板观察发现蒸发器背面粘有很多衣服纤维，蒸发有结霜现象。

解决措施：清洗内机蒸发器后，风量恢复正常，制冷正常。

经验总结：在一些特殊场所（如制衣厂、发廊、纱厂等粉尘较多场所）及一些公共场所，空调制冷差的原因一般都是因散热不良，"脏堵"引起，应首先检查过滤网和蒸发器是否干净。在修理此类故障时应先排除外界因素再考虑机器本身故障，先检查室内外机风量是否正常、环境温度是否过高、室内外蒸发器和冷凝器散热是否良好，最后检查系统本身，这样才不会走弯路。

案例十三、连接管折扁

故障现象：制冷效果差。

原因分析：新安装的空调器室内机出现异常声音，在试机3min和送风模式下没有异常声音，压缩机启动后室内蒸发器出现异常制冷气流声，而且比较响。经检查为室内蒸发器输出管和冷凝器铜管（连接处不是螺纹铜管）刚好在室内蒸发器连接处，高低压管都有3/4弯扁。

解决措施：更换连接管

经验总结：这种情况气流声主要是制冷剂流通不畅导致的，只有详细检查才能知道哪里的连接管有弯扁，这主要是在弯管时不专业导致的。

案例十四：连接管折扁

故障现象：制冷效果差，外机运行一段时间后停机。

原因分析：用户反映空调器为上年安装，安装后一直空调效果不好，维修人员多次上门检查，数据如下：空调运行电流12.5A，压力0.5MPa，出风温度12℃，进风温度30℃。从以上数据看空调正常，但运行一段时间后空调电流逐渐升高，出风温度渐渐上升。1.5h后空调保护，维修人员根据维修经验判断为外机热保护，检查外机散热环境，良好未有阻碍也不当西晒，冷凝器也不脏。维修一时陷入僵局。后来，维修人员发现如果用水淋冷凝器，外机则不会保护，判断可能故障为：①压缩机故障；②系统制冷剂轻度污染；③管路问题。首先检查系统问题及管路问题，低压连接管在出墙洞时有压扁现象，造成系统堵塞，制冷差。

解决措施：重新处理好管道，试机一切正常。

经验总结：这种由于安装问题造成的故障往往会被维修人员忽视。要发现这种故障应多看、多分析，不能盲目加氟或换外机。主要原因是连接管弯扁，使系统循环不能畅通，空调器也就不能正常工作。

案例十五、压力开关坏

故障现象：不制冷。

原因分析：上门检查，试机制冷不到1min，控制面板“运行灯”和“18”度灯闪烁，根据显示判断是保护问题，测高、低压压力开关正常，压缩机排气温度检测正常。于是，解除压缩机过流检测，试机故障不变。更换室外检测板，试机故障如旧。重新试机，仔细观察室外机工作情况，当制冷约1min，听到低压开关断开的声音，这时室外机停止工作，当短接低压保护试机，正常运转，测其低压压力也正常，判断是压力开关质量差，误动作。

解决措施：更换低压开关，试机一切正常。

经验总结：在维修时多观察控制面板显示的故障代码，可以快速找到故障原因。

案例十六、安装排空不够

故障现象：频繁跳机。

原因分析：一般来说，盛夏时节空调器的频繁跳机多属散热不好和电压问题，但该空调器刚安装了1个多月，经检查该机安装在屋顶，散热效果不是很好，但应该不会引起频繁跳机，联想到用户刚安装1个多月，因此着手检查系统，发现表压不稳，压缩机过热，初步判断是安装时放空气不够引起的。

解决措施：收氟，因为空气比氟轻，因此在放氟的时候用手会明显感觉有空气攻击。后经重新加氟，该机制冷效果良，无跳停现象。

经验总结：空调器三分制造，七分安装。安装时一定要遵守空调器安装程序，一定要考虑空调的安装位置及风向。在维修新装机有关过热保护的故障时，最好先找外部原因，再考虑空调本身的故障，由简单到复杂一步步排除，直至找出根本原因。

二、空调器漏水检修案例

空调器漏水原因多种多样，处理的时候要仔细观察，找到水的来源，然后进行针对性的处理。总的来说，漏水可以从以下几方面进行分析。

1. 送风系统

如过滤网“脏堵”，潮湿环境下使用低风挡，风量如果偏小，内机蒸发温度降低，蒸发器结霜甚至结冰，时间一长导致漏水。

2. 排水系统

主要包括内机前后导水槽、排水管、管道包扎、排水泵故障等，当空调使用长时间后，导水槽、排水管都可能被脏物堵塞漏水，导水槽等因注塑原因有裂缝、连接管接头处包扎不好，排水管安装时被压扁都会引起漏水。

3. 系统缺氟、蒸发器半堵

系统严重缺氟的情况下，冷媒在进入蒸发器时很快在靠近输入管的2～3根长U形管中汽化，所以蒸发器靠近输入管的2～3根长U形管翅片温度较低，而其他长U形管翅片温度接近室温，故靠近输入管的2～3根长U形管翅片上会凝结大量凝结水，时间长还会结冰。在蒸发器半堵的情况下，制冷剂流量较大的长U形管翅片温度偏低而雪种流量较小的长U形管翅片温度较高，致使两个流路间温差较大，而使制冷剂流量较大的长U形管翅片凝结大量冷凝水，并随风吹出，另因冷热空气在风道内交汇，水蒸气在风道内凝结，最后导致漏水。

4. 安装问题

因安装问题导致漏水的情况主要集中在新装机上，或是冬季安装的空调器，因安装不水平或排水管、连接管接头未包扎好。

案例一：过滤网“脏堵”

故障现象：内机漏水。

原因分析：在制冷模式下，开机工作一段时间后，有水珠从正面盖板与出风口上檐处滴下，且出风量很小。掀盖观察发现过滤网已被灰尘（脏物）堵死。因风量减小，蒸发温度降低，蒸发器结霜并与脏网相连。取下滤网，再次开机，风量变大，漏水消除。

解决措施：把过滤网清洗干净，安装好，并向用户交代注意定期清洗保养。

经验总结：过滤网“脏堵”引起的漏水现象较多，通过维修后，应向用户介绍空调的保养方法，定期清洗过滤网。另外，蒸发器结霜和系统少氟结霜容易混淆，系统少氟结霜只会在蒸发器上局部结霜，一般在蒸发器的进液端，而过滤网“脏堵”结霜会连系统的回气管（低压管）都会出现，据此，在处理时就可正确判断。

案例二：低风挡内机漏水

故障现象：出风口有水珠滴下。

原因分析：用户反应此台空调在工作 2～3h 后有水从风口吹出，维修工上门检查发现，空调在用低风挡工作时吹出来的是水雾气，并伴有水滴掉下，使用空调的房间面积在 $15m^2$ 左右，设定温度在 17℃，温度降低后引起蒸发交换量减少，形成冷凝露过多并被吹出来。

解决措施：把低风挡转换成高风挡或自动挡，设定到 24℃，不再出现凝露。

经验总结：以上的故障实为物理因素造成，向用户解释即可。吹出“水雾气”（雾水）的情况在“梅雨”季节发生较多，另在南方多雨、气压低、湿度高的情况下更容易出现。所以处理此类问题时，首先检查蒸发器是否脏，风轮叶片是否有灰尘，排除之后可设定高风挡，并尽量将温度设高点。

案例三：导水槽脏阻导致漏水

故障现象：内机漏水。

原因分析：空调已使用两年时间，以前未出现漏水现象，因此基本可以排除安装问题，应该为排水阻塞造成，开机观察，工作时间较长后，冷凝水从背板连接管凹槽处沿缝隙流下，从外表观察内机安装水平。清洗过滤网，拆开罩壳，发现蒸发器较干净。采用人工试水，蒸发器未有漏水，且排水流畅，当试水后拆蒸发器时，发现水从背板（底盘）连管凹槽处流出。当把内机取下时，发现后部导水槽内有很多沙尘堵住出水孔，使水溢出槽外。造成堵住的主要原因是墙壁受潮变松内机工作共振使松脱的沙尘落入槽内。

解决措施：清理干净槽内的异物并用防潮塑料片隔离墙壁，防止再次落入沙尘。

经验总结：室内机漏水原因多样，主要有以下几种。

(1) 内机底座电机架左侧与集水槽连接的部位，由于注塑方面的原因而产生缺料，出现缝隙，造成漏水。

（2）底座背面集水槽右端最高处，由于注塑不好有缝隙，冷凝水会顺着此缝隙漏出。

（3）导风架的出水嘴处保温海绵粘贴不到位，或者保温海绵脱落，导致此处产生凝露水滴下。

（4）导风板摆动设计不合理，导致导风板上产生凝露水而滴下。

案例四：挡水板漏水

故障现象：内机漏水

原因分析：开机观察发现内机风道漏水，左右两端尤其严重。此机采用四折式蒸发器，有上下两个接水槽，上接水槽在背面。蒸发器背部装有一块挡水板将冷凝水导到上接水槽，冷凝水是从导水板的两端流入室内机的，原因为挡水板上两端海绵贴斜。

解决措施：调整挡水板上海绵粘贴位置，漏水排除。

经验总结：四折式蒸发器漏水原因很多，主要有以下几方面：

（1）导水板未装（如果没有装导水板，其现象是漏水情况非常严重，冷凝水会直接从风道中吹出或者从风道中流出）。

（2）蒸发器配管角度不对。

（3）蒸发器上密封海绵条脱落。

（4）蒸发器与塑壳底座配合不严密。

（5）导水板上海绵粘贴不正确。

在维修时，要仔细观察是何部位漏水、是滴水还是渗水，然后对症下药，事半功倍。

案例五：连接管接头处凝露漏水

原因分析：室内机连接管接头处，产生滴水，怀疑为凝露漏水。上门检查发现室内机高低压连接管由于接头保温效果不良导致凝露漏水。将该机连接管部位做好充分的保温、包扎，使用几天后又发现用户内机中部墙壁上漏水。上门拆下机器详细检查，发现室内机高低压连接管纳子帽附近因保温套未密封好，只是用扎带缠绕表面而产生漏水。

解决措施：用保温套重新包扎接管部位处（用扎带多扎几圈效果更好）。

经验总结：出厂时保温套与配管长度相同，在室内外连接管、电源线和排水管包扎之前，一定要先量好蒸发器输出输入管的长度差，预留出连接管的尺寸。由于保温套的伸缩性能不同，在安装过程中为达到接头处的保温效果，应将内机接头处保温好并用扎带扎紧，以免包扎不紧在穿管道时将接头处拉松，纳子帽裸露在外产生渗水现象。另外在连接排水管时，接头处一定要用防水胶布贴好，否则易造成漏水现象。连接管接头处凝露漏水都由安装不良造成，对于新装机漏水，一定要注意检查上述问题。

案例六：排水管压扁漏水

原因分析：用户反映安装新机后，出现漏水现象，上门检查，内机安装水平，墙洞上沿低于内机下沿，室内排水管无断裂现象，后发现室外部分排水管排水量小，内机也漏水，怀疑排水管不畅。因是新机，不存在排水“脏堵”、老化现象。最后发现包扎管道时，排水管包扎在下面，出墙时排水管被压在底部，引起排水不畅，产生漏水。

解决措施：重新调整排水管位置，问题解决。

经验总结：安装时要注意细节，安装完毕后要做排水试验。

案例七：排水管包扎不严出现凝露水

故障现象：空调运行半小时后，室内侧的外接排水管上布满冷凝水造成漏水。

原因分析：用户新装的KF－23GW/I1Y空调器室内机漏水，经开机检查时发现机器运转半小时后，在室内侧部分的长约2m的外接排水管表层布满水珠。该办公楼靠近江边，环境湿度很大，且房间面积明显偏大且封闭性差，导致空调器内侧排出的冷凝水很多。因外接排水管仅包扎了很薄的一层包扎带致使空气在外接排水管外壁冷凝，产生很多冷凝水珠。

解决措施：在外接排水管外壁增加隔热保温的海绵并重新包扎。

经验总结：在南方湿度大的地区，隔热保温海绵的包扎一定要到位。

案例八：排水管破漏水

故障现象：内机漏水，开机一段时间室内机有较大量的水排出，但室外排水管没有冷凝水排出。

原因分析：造成漏水的原因主要是内机与接水盘连接的排水管和附件所配的外接排水管在安装时被损坏或在使用过程中被老鼠咬破。安装损坏的原因有以下几种。

（1）排水管在穿出内机（特别是柜机）时由于外箱钣金件过于锋利，没有翻边或其他保护，割破排水管。

（2）室内外连接管与排水管在穿墙时，由于墙孔打得不够大，强行穿出而使排水管被刮破。

（3）其他原因：排水管本身的质量较差、管壁太薄，漏冷凝水使表面凝露造成漏水；老鼠咬破排水管造成漏水等。

解决措施：更换破损的排水管，检查排水管破损处是否有再次造成排水管破损的机理并采取适当的保护措施。

经验总结：在安装空调时针对易使排水管破损的各环节严加注意和防范，安装时尽可能做到细心操作，不可野蛮作业。

案例九：系统缺氟造成漏水

故障现象：空调运行一段时间后漏水，蒸发器翅片有结霜或结冰现象。

原因分析：用户反映内机漏水，到现场开机运行10min后发现内机风轮开始吹水，拆开面板面框发现蒸发器靠近输入管有2～3根长U形管翅片很冷且冷凝水较多，而其他蒸发器翅片无明显凉意。重新开机，再按原来的制冷模式继续运行20多分钟，发现蒸发器靠近输入管附近翅片上有轻微结霜结冰现象。用压力表测系统压力，系统压力很低为0.3MPa，可以判断系统严重缺氟。在系统严重缺氟的情况下，冷媒在进入蒸发器时很快在靠近输入管的2～3根长U形管中汽化，所以蒸发器靠近输入管的2～3根长U形管翅片温度较低，而其他长U形管翅片温度接近室温，故靠近输入管的2～3根长U形管翅片上会凝结大量凝结水，并随风吹出，再过20多min后蒸发器翅片便出现结霜或结冰现象。

解决措施：检查漏点，发现连接管与低压阀体连接处偏位导致螺母锁合位出现漏氟现象，重新连接并锁紧、重新抽空，加制冷剂后试机正常。

经验总结：对于空调室内机漏水问题，在排除内机换热系统方面漏风情况后，可用手摸不同流路换热器感知温差的方式，初步断定是否存在明显温差，来判定是否为系统问题造成内部凝露（一般来说系统问题造成漏水从表现情况来看为风道内部产生细细的水珠，同时风轮叶片上也明显可见水珠）。

案例十：蒸发器半堵漏水

故障现象：空调运行一段时间后空调漏水。

原因分析：用户反映空调运行一段时间后内机漏水，到现场开机运行 20min 后发现内机开始吹水，拆开面板面框发现蒸发器有几根长 U 形管翅片很冷且冷凝水较多，而其他蒸发器翅片无明显凉意。开始怀疑系统缺氟，但用压力表测系统压力，系统压力正常。过段时间后又发现那几根长 U 形管翅片上开始大量挂水，将手放在出风口，可明显感觉有水吹出。观察挂水的长 U 形管发现其为一个流路，用手触摸蒸发器翅片，发现两流路长 U 形管翅片间温差较大。通过以上现象可以判断蒸发器半堵，造成制冷剂偏流；在蒸发器半堵的情况下，制冷剂流量较大的长 U 形管翅片温度偏低而制冷剂流量较小的长 U 形管翅片温度较高，致使两个流路间温差较大，而使制冷剂流量较大的长 U 形管翅片凝结大量冷凝水，并随风吹出。

解决措施：与用户协商更换蒸发器后故障排除，用户满意。

经验总结：对于因焊堵或半堵系统偏流换热器而形成凝露造成的漏水表现较好区分：整个风道内部均布满细细的水珠、同时风轮叶片上也明显可见水珠。

案例十一：系统漏风

原因分析：新装机试机运行，室内机风轮带水珠，伴有喷水现象。经检查，空调安装平整，水道畅通，排水管排水正常。打开内机面板，经检查后发现蒸发器与底盘的装配良好，只发现蒸发器左支撑与蒸发器左侧翅片之间存在一条缝隙，存在漏风现象。用海绵将缝黏住，运行一段时间后，喷水现象减轻，但故障仍然没有彻底消除。重新打开内机面板面框，检查蒸发器各流路的表面温度和 U 形管的各路温度，发现蒸发器各流路的各表面和 U 形管的各路温度有差异，初步认为蒸发器偏流。用压力表测量低压阀回气压力，系统压力与环境温度所达到的压力偏低，约 3kg。

解决措施：经充加制冷剂至环境温度所规定压力稍高后，运行 20min 后，观察风轮没有水珠，故障排除。

经验总结：空调在环境温度较高，出风口温度与环境温度的温差较大时，即常说的回风温度与出风温度差较大时，如果蒸发器回风缝较大，形成热空气在气室里，冷热空气混合所产生的冷凝水，会凝合附在风轮上的水珠产生喷水现象；另外如果蒸发器表面温度不均匀，同样也会产生这种故障。针对蒸发器表面温度不均产生风轮挂水珠的故障，可通过增减制冷剂的方法进行排除。具体是增还是减雪种，应视低压阀回气压力与环境温度来定。如果蒸发器表面温度差在 9℃ 以上，可认为蒸发器有部分流路有半堵现象，这种故障只有更换蒸发器才能解决。

案例十二：嵌入式空调漏水

故障现象：内机漏水，运行灯闪。

原因分析：经检查，水从积水盘直接溢出，查看排水管排水情况，发现水量很小，初步判断为排水泵排水不够，更换排水泵后试机正常。

解决措施：更换排水泵。

经验总结：嵌入机的排水方法与分体机不一样，分体机是自然排水，而嵌入机是靠排水泵将水排出室外，若出现漏水，要重点检查排水泵工作是否正常，从故障现象“运行灯闪”也可以判断是排水保护。当然，嵌入机漏水有很大一部分是安装时排水管不平引起的，这要求维修人员要认真分析原因。

三、空调器电气系统故障检修案例

案例一：可控硅坏、室内机噪声大

故障现象：关机后，室内风机慢慢转动，开机后发出刺耳噪声。

原因分析：根据用户反映及现象分析，初步判断为室内电机供电故障，检查室内风机供电电压，关机状态下电机上有100V电压，关机后室内电机仍缓慢连续运行，室内电机发热使塑料的电机架遇热变形，塑封电机位置偏移，导致贯流风叶与底盘相碰，发出难听的噪声，而且有一股烧焦的味道。由此判定为风机控制可控硅损坏。

解决措施：换主控板。

经验总结：分体挂机室内机风机转速是由可控硅来控制的，当电源电压较低或波动较大时，会造成可控硅单相击穿。停机时室内风机仍有电压，电机仍会慢转，由于可控硅为单相击穿，电机供电电源为非正弦波形，电机运转不平稳，噪声较大。

案例二：室内风机关机后不停及未开机时风机运行

故障现象：关机后，室内风机不停；未开机时风机运行。

原因分析：根据用户反映故障现象，通电即发现室内风机运行，用遥控开机后关机，室内风机仍在运行，初步判断为室内电机供电故障。检查室内风机供电电压，通电状态或关机状态下电机上有158V输出电压，因此通电后室内电机就运行，由此判定为风机控制可控硅损坏。

解决措施：更换同型号控制器后试机正常。

经验总结：分体挂机室内机风机转速是由可控硅来控制的，当电源电压较低或波动较大时，会造成可控硅单相击穿，停机或关机时室内风机仍有电压，室内风机不能关闭。

案例三：遥控接收器坏

故障现象：遥控不开机。

原因分析：检查遥控器，用遥控器对准普通收音机，按遥控器上的任何键，收音机均有反映，说明遥控器正常，故障在室内机主控板或者遥控接收器。打开室内机外盖，检查220V输入电源及12V与5V电压均正常，用手动启动空调，空调能正常启动运转，说明主控板无问题，故障部位在遥控接收器元器件上。经检查，发现原因在于控制器接收回路上瓷片电容绝缘电阻偏小，只有几kΩ，质量好的瓷片电容器应该在10000MΩ以上，漏电电流偏大而引起的遥控不接收。

解决措施：将103电容直接剪除或更换显示板后，空调器一直运转正常。

经验总结：造成遥控接收器不接收遥控信号的原因很多，除上述电容器漏电外，无件虚焊也会造成不接收。另外空调使用环境对遥控接收影响很大，当环境湿度高时，冷凝水在遥控显示板背部焊接点脚与脚凝结，线路板发霉，绝缘性能下降，焊点之间有漏电导致遥控不开机或遥控器失灵。清洁线路板，用吹风机干燥处理后，在遥控显示板背部焊接一层玻璃胶，遥控能够正常接收。用收音机AM挡可检测遥控器是否发射信号，如手动开机后空调运行正常，可以排除主控板故障，由此可确定问题出在遥控接收器。维修时不能简单地更换配件，尤其是短期内重复维修时，应仔细分析一下配件损坏的原因。

案例四：温度传感器故障

故障现象：空调制热效果差，风速始终很低。

原因分析：上门检查，开机制热，风速很低，出风口很热，转换空调模式，在制冷和送风模式下风速可高、低调整，高、低风速明显，证明风扇电机正常，怀疑室内管温传感器特性改变。

解决措施：更换室内管温传感器后试机一切正常。

经验总经：空调制热时，由于有防冷风功能，室内温传感器室内换热器达到25℃以上时内风机以微风工作；温度达到38℃以上时以设定风速工作。面对以上故障，首先观察发现风速低，且出风温度高，故检查风机是否正常。当判定风速正常后，分析可能是传感器检查温度不正确，造成室内风机不能以设定风速运转，故更换传感器。温度传感器故障在空调故障中占有比较大的比例，要准确判断首先要了解其功能，空调控制部分共设有3个温度传感器：

(1) 室温传感器。主要检测室内温度，当室内温度达到设定要求时，控制内外机的运行，制冷时外机停，内机继续运行，制热时内机吹余热后停。

(2) 盘管温传感器。主要检测室内蒸发器的盘管温度，在制热时起防冷风、防过热保护、温度自动控制的作用。刚开机时盘管温度如未达到25℃，室内风机不运行；温度达到25℃以上38℃以下时内风机以微风工作；温度达到38℃以上时以设定风速工作；当盘管温度达到57℃持续10s时，停止室外风机运行；当温度超过62℃持续10s时，压缩机也停止运行；只有等温度下降到52℃时室外机才投入运行。因此，当盘管阻值比正常值偏大时，室内机可能不能启动或一直以低风速运行；当盘管阻值偏小时，室外机频频繁停机室内机吹凉风。在制冷时起防冻结保护作用，当盘管温度低于−2℃连续2min时，室外机停止运行；当盘管温度上升到7℃时或压缩机停止工作超过6min时，室外机继续运行。因此，当盘管阻值偏大时，室外机可能停止运行，室内机吹自然风，出现不制冷故障。

(3) 室外化霜温度传感器。主要检测室外冷凝器盘管温度。当室外盘管温度低于−6℃连续2min时间，内机转为化霜状态；当室外盘管传感器阻值偏大时，室内机不能正常工作。

案例五：空调不制冷、通信故障

故障现象：室内机“运行”灯闪，其余灯灭，内外机不工作。

原因分析：根据用户反映的情况，开机工作正常，未出现用户反映的情况，但大约30min后，内外机停止工作，控制面板上“运行”灯闪烁，按任何键空调器都没反应，拔掉电源重新试机，机器能正常工作，但30min后又出现同样故障，因停机之前空调制器冷正常，因此系统上不会存在问题，初步判断为外界信号问题。从使用说明书公司提供的故障显示代码上也可以断定是通信故障，测量内外机信号连接线正常，因此可断定为外界信号干扰问题。

解决措施：在电脑板信号线间并联上103瓷片电容，或者更换抗干扰C3Y电脑板后故障消除。

经验总结：在维修时，要善于观察故障时面板的指示状态，根据公司提供的故障代码快速找到故障原因。若室外管温传感器故障或内外机信号连接线断路，无数码显示功能的"定时指示灯"闪1次/s，如有数码显示功能则会显示"E2"代码，三相A系列"温度"灯闪，其余指示灯全灭。

案例六：外界信号干扰

故障现象：工作时无规律自动停机，并伴有蜂鸣器异常连续叫声。

原因分析：检查遥控器正常，应急正常，说明电源供电、主板正常，测量内机各传感器正常。据用户反映同时购买的两台同型号空调，一台正常，另一台有故障，维修人员怀疑有干扰源存在。发现有故障机器的房间装有电子整流式的节能灯，每当关掉灯后，机器正常，打开灯后，测量接收头信号输入端有2V的交流电；关掉灯后，遥控器不操作时测量电压为0V，机器正常。

解决措施：建议用户更换电子整流式日光灯后，机器正常。

经验总结：电子整流式日光灯产生的频率，波形叠加到遥控发射的红外波形上，产生频率干扰源，引起机器接收不正常。在维修此类故障前，应仔细询问用户的使用情况以及实地观察机器使用的外部环境。空调信号干扰源分为：电源质量差的电磁干扰、频率干扰、红外线干扰，此故障干扰源属于第一种。在处理时，可在遥控器接收头前增加一块透明的深色滤光挡板，或在接收板线束上增加一磁环，也可更换新的控制器。

案例七：电源相序保护

故障现象：开机时"定时"灯和"运行"灯同时闪，系统停机。

原因分析：根据故障代码判定为室外机保护，强制运转压缩机，能正常工作，检查压力开关等都正常，电源也正常，初步断定为相序检测保护，换相序后开机，压缩机突然反转，于是证实是属于相序检测板故障。

解决措施：更换室外机检测板后空调运行正常。

经验总结：根据故障代码，逐个排除，维修人员要有一定的电路工作原理的维修经验，检测故障时应遵循由简到繁，避免走弯路（根据以上所述，调整相序后，开机压缩机反转，此时只需调整压缩机接线，使压缩机正转，问题即可解决）。A系列采用三相电源，在安装时安装人员有时将相线与零线接反也会造成压缩机不启动，在维修时要特别注意。

项目四　电冰箱基础知识

本项目将重点介绍电冰箱的种类、电冰箱的组成、制冷系统及电气控制系统。

任务一　电冰箱的种类

学习目标：

1. 认识电冰箱的分类及特点。
2. 能识读电冰箱的型号。

一、电冰箱的种类及特点

电冰箱是一种以人工方法获得低温，供储存食物等物品的冷藏与冷冻装置。其种类有很多，分类方法也不尽相同，常见的分类方法有如下几种。

1. 按用途分类

(1) 冷藏式电冰箱。这类电冰箱主要用于冷藏保鲜，大多数有两个室，一个是冷藏箱主室，箱内温度保持在0～10℃范围内；另一个是位于内箱体上部的冷冻食品储藏箱，箱内温度为－18～－6℃，可以冷冻储存少量食品或制作少量冰块。这类电冰箱通常做成单门式，如图4－1所示。

图4－1　冷藏式电冰箱

(2) 冷藏冷冻式电冰箱。这类电冰箱具有冷藏和冷冻两种功能，设有冷藏室和冷冻室。冷藏室温度一般为0～8℃，冷冻室温度在－18℃以下。这类电冰箱通常有两个以上箱门，如图4－2所示。

(3) 冷冻式电冰箱。这类电冰箱专门用于冷冻食品和储藏冷冻食品，箱内温度在－18℃以下，如图4－3所示。

图4－2　冷藏冷冻式电冰箱

图4－3　冷冻式电冰箱

2. 按冷却方式分类

(1) 直冷式电冰箱（单门）。直冷式单门电冰箱制冷系统中的蒸发器吊装在电冰箱内的上部，当制冷剂（氟利昂）在其管路内低压沸腾时，便进行低温吸热，而由蒸发器围成的空腔就形成了冷冻部位（冷冻室）。蒸发器下面的冷藏部位（冷藏室）则依靠冷空气下降、热空气上升的原理，进行冷热的自然对流，对存放在冷藏部位的食品进行冷却。这种电冰箱冷冻部位空间的最低温度一般能达到－12～6℃；而冷藏室，可将温度控制在0～8℃。如图4－4所示。

(2) 直冷式电冰箱（双门）。直冷式双门电冰箱设有两个蒸发器。冷冻室有一个方壳形蒸发器，而冷藏室的顶部或后壁上有一个板式或盘管式蒸发器。冷冻室空间的平均温度可达到－18℃以下，而冷藏室温度为0～8℃。由于冷冻室和冷藏室各有一扇门，取出和放入食品时，不像直冷式单门电冰箱那样因共用一扇箱门而相互影响，从而节省了电能。箱内冷热交换采用自然对流方式。如图4－5所示。

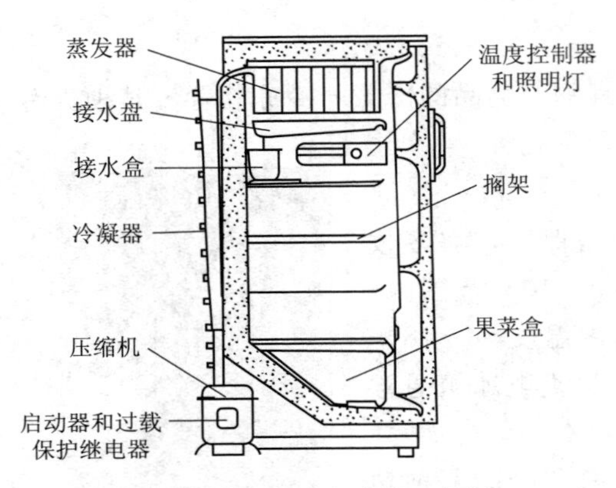

图4－4 直冷式电冰箱（单门）

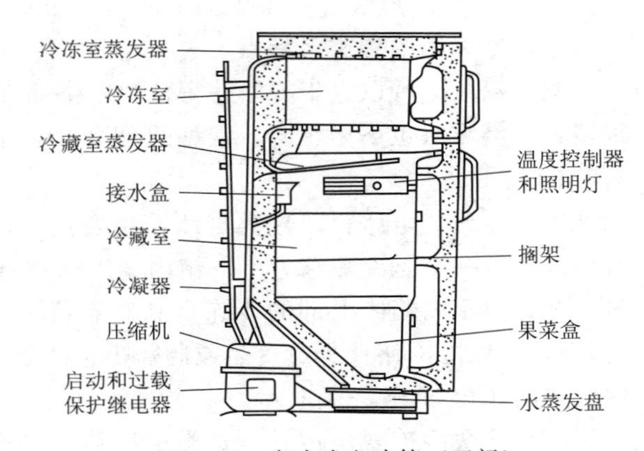

图4－5 直冷式电冰箱（双门）

(3) 间冷式电冰箱。间冷式电冰箱大都做成双门双温式。它将翅片管式蒸发器装在冷冻室和冷藏室中间的夹层中，利用小型轴流式风机，强制箱内空气流过翅片管式蒸发器，经冷却后再返回箱内，形成箱内冷空气的强制循环。冷冻室的温度可达到－18℃以下，而冷藏室的温度为0～8℃。它与直冷式双门电冰箱相比，具有冷藏室温度均匀、冷冻食品不会被凝霜污染、自动除霜等优点，特别适用于沿海地区或气温高的地区。如图4－6所示。

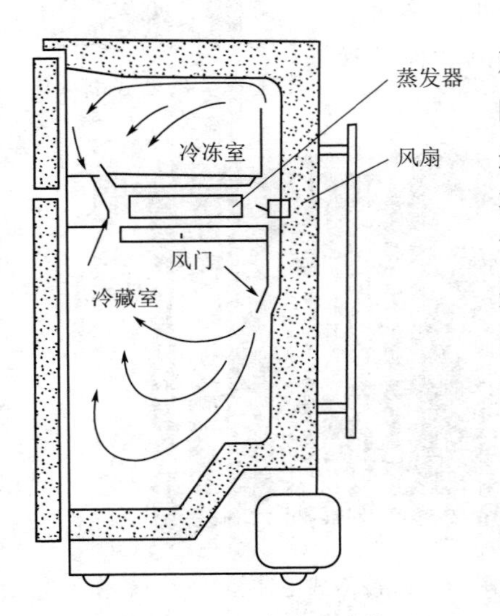

图4－6 间冷式电冰箱

3. 按制冷原理分类

(1) 蒸汽压缩式电冰箱。这类电冰箱采用蒸汽压缩式制冷，是目前生产和使用最多的冰箱。其特点是：制冷效果好，使用方便，比较省电。如图4－7所示。

图 4－7　蒸汽压缩式电冰箱

（2）吸收式电冰箱。这类电冰箱采用吸收式制冷，主要用于没有电源的地区，其制冷性能和制冷速度都比不上蒸汽压缩式电冰箱。但它具有无噪声，结构简单，性能可靠，可以利用煤油、煤气或天然气作动力等特点。如图 4－8 所示。

图 4－8　吸收式电冰箱

（3）半导体式电冰箱。这类电冰箱采用半导体制冷，具有结构简单、便于携带、可靠性高等优点。但由于它制冷效率低、制冷量小，限制了它的应用范围。如图 4－9 所示。

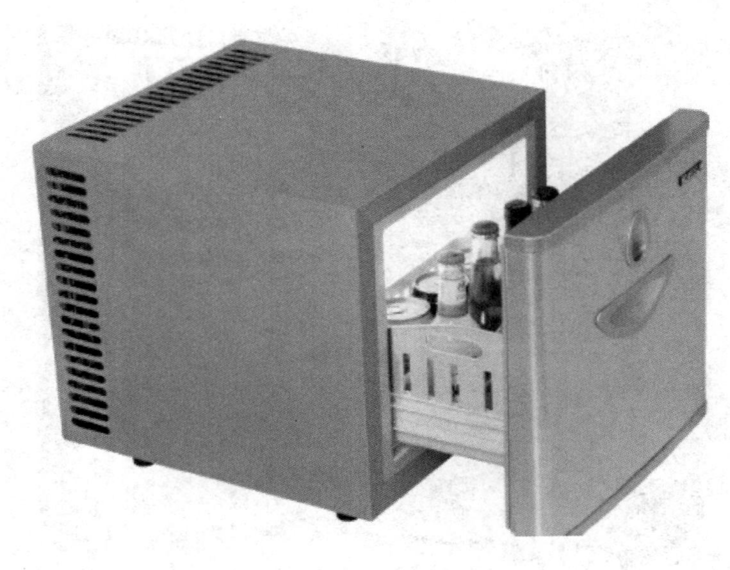

图 4-9　半导体式电冰箱

4. 按气候环境分类

气候类型不合适会影响电冰箱的性能和寿命。根据家用电冰箱国际标准（ISO 7371—1985）的规定，家用电冰箱可分为亚温带型、温带型、亚热带型、热带型 4 类（表 4-1）。

表 4-1　　**电冰箱按气候类型分类**

气候类型	代号	适用环境温度/℃
亚温带型	SN	10～32
温带型	N	16～32
亚热带型	ST	18～38
热带型	T	18～43

目前我国市场上销售的电冰箱多为温带型，基本符合我国大部分地区的气温状况。

5. 按箱体结构外形分类

电冰箱按箱门的多少可分为单门冰箱、双门冰箱、三门冰箱、四门冰箱和多门冰箱。图 4-10 所示为目前推出的一款新类型电冰箱。

6. 按控制方式分类

电冰箱按控制方式分类，可分为普通电冰箱和智能电冰箱。普通电冰箱使用机械式或普通电子式温控器，而智能电冰箱使用模糊控制器作为电冰箱的电气控制系统，功能较多，档次较高。图 4-11 所示为目前推出的一款新颖的智能电冰箱。

二、电冰箱的规格、型号及星级

（1）家用电冰箱的规格。家用电冰箱的规格以有效容积表示。目前国内市场上较为常见的规格为 100～250L。

图 4-10　新类型电冰箱

图 4-11　智能电冰箱

(2) 电冰箱的型号。我国电冰箱的型号表示方法为 3 个连续书写的字母后接数字再接一个字母，即：

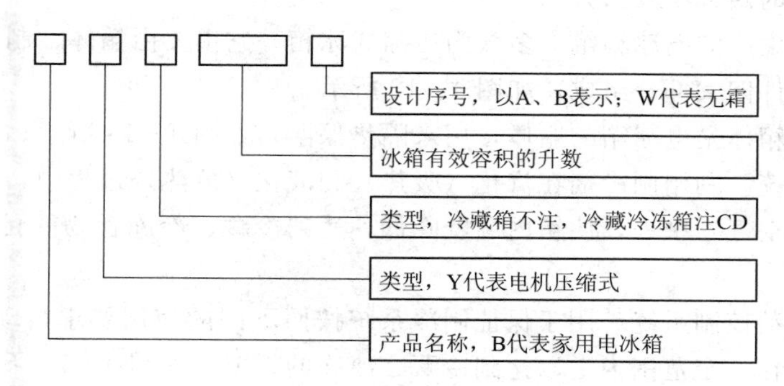

例如：BY180A 表示有效容积为 180L 的电机压缩式家用电冰箱，属于冷藏箱。又如：BYD212 表示有效容积为 212L 的电机压缩式家用电冰箱，属于冷藏冷冻箱。

（3）电冰箱的星级。我国国家标准《家用和类似用途电器的安全 制冷器具、冰淇淋机和制冰机的特殊要求》（GB 4706.13—2014）对电冰箱的星级是按电冰箱内冷冻食品储藏室（或冷冻室）的温度来划分的，它共分为 4 级，具体规定见表 4-2。

表 4-2 电冰箱星级规定

级别	星号	冷冻室温度/℃	冷冻室储藏期
一星	*	<-6	7 天
二星	* *	<-12	1 个月
三星	* * *	<-18	3 个月
四星	* * * *	<-24	6～8 个月

【课堂演练】 识读电冰箱的型号。

根据教师给出的电冰箱型号，识读或填写出它们的含义。

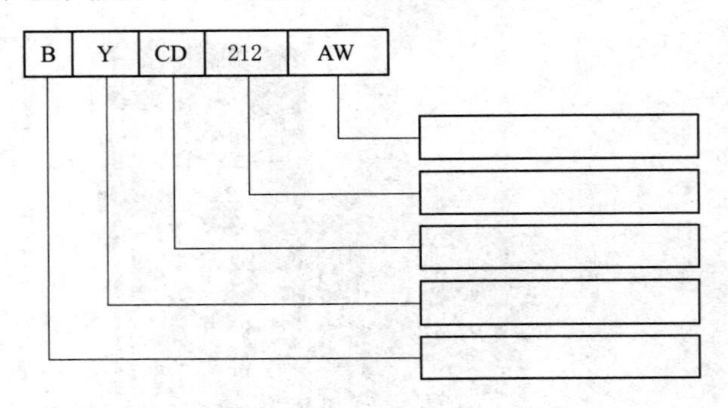

任务二 电冰箱的组成及制冷系统

学习目标：

1. 认识电冰箱制冷系统的组成。
2. 掌握电冰箱制冷系统的部件。

一、电冰箱的四大组成部分

目前国内外生产的电冰箱绝大多数为压缩式冰箱，它主要由箱体、制冷系统、电器自动控制系统和附件四大部分组成，如图 4-12 所示。

（1）箱体。箱体是电冰箱的躯体，用来隔热保温。如图 4-13 所示。

（2）制冷系统。利用制冷剂在汽化（吸热）和液化（放热）过程中，将箱内的热量转移到箱外介质（空气）中去，使箱内温度降低，达到冷藏、冷冻食物的目的。如图 4-14 所示。

（3）电器自动控制系统。用于保证制冷系统按照不同的使用要求自动而安全地工作，将箱内温度控制在一定范围内，以达到冷藏、冷冻的需要。如图 4-15 所示。

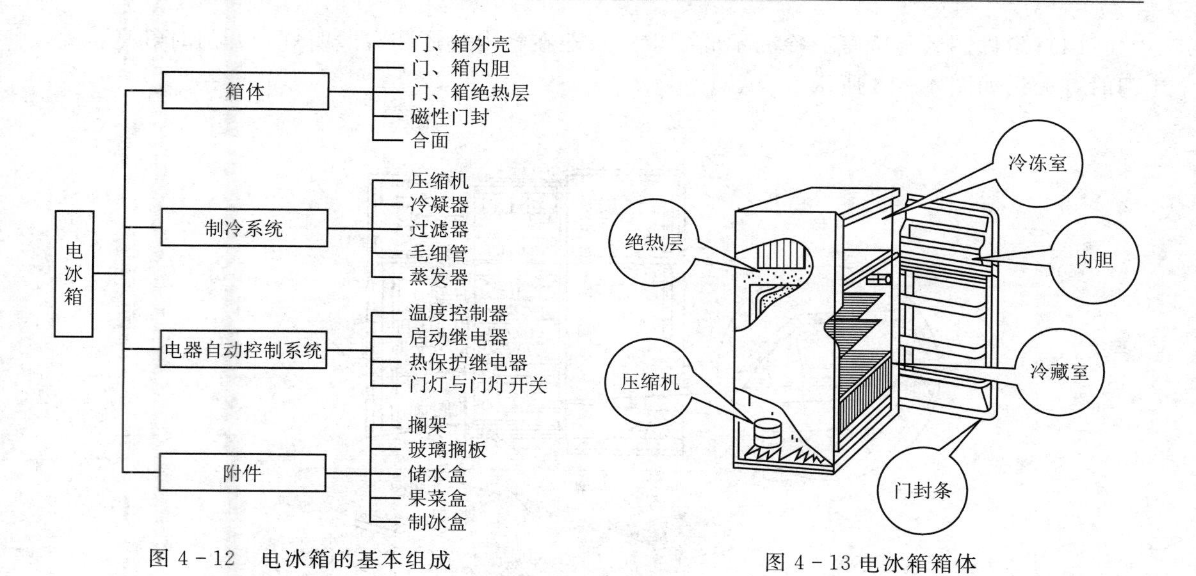

图 4-12　电冰箱的基本组成

图 4-13 电冰箱箱体

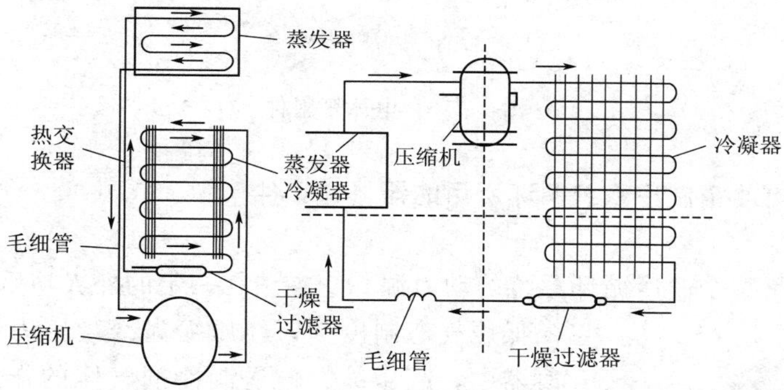

蒸发器
热交换器
蒸发器冷凝器
压缩机
冷凝器
毛细管
干燥过滤器
压缩机
毛细管
干燥过滤器

图 4-14　电冰箱制冷系统

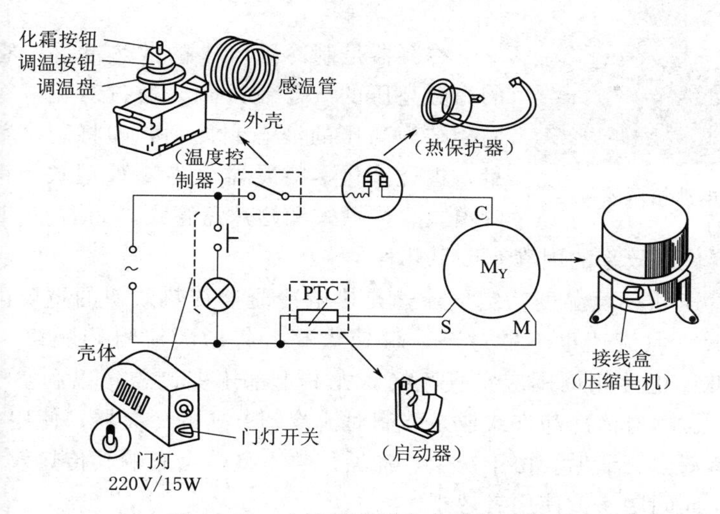

图 4-15　电冰箱电器自动控制系统

(4) 附件。满足冷藏、冷冻不同要求。一般在箱内都还装有照明灯，开门时灯亮，关门时灯灭。如图 4 - 16 所示。

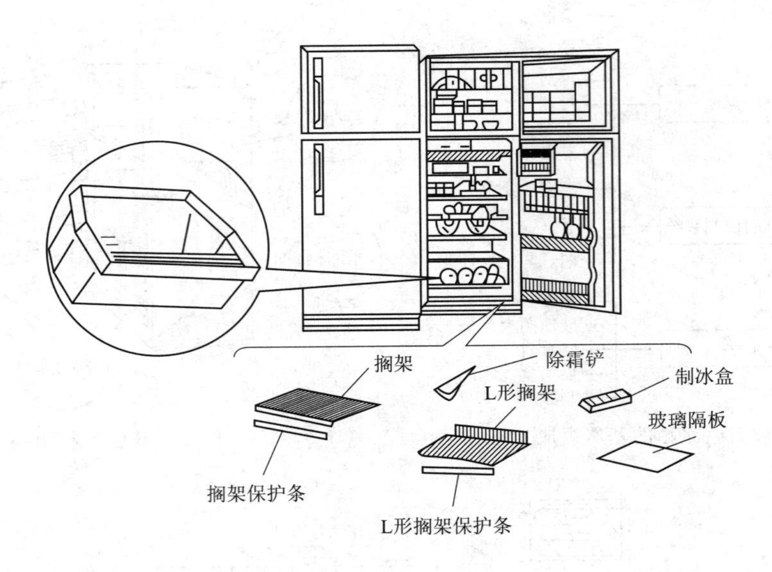

图 4 - 16 电冰箱附件

二、压缩式电冰箱制冷系统循环所用的器（部）件

1. 压缩机

制冷压缩机是整个制冷循环系统的动力源。它在消耗一定的外界功后，吸入蒸发器中的低压气态制冷剂，经压缩为冷凝压力（P_k）再送至冷凝器中，起压缩、输送制冷剂气体的作用，即提高制冷剂气体压力，造成液体条件。如图 4 - 17 所示。

图 4 - 17 电冰箱压缩机

2. 冷凝器

冷凝器是制冷系统中的散热部件，它将压缩机排出的高温高压的气态制冷剂，通过对流，将其热量散发掉而凝结为高压的液态制冷剂，即将制冷剂冷凝，放出热量，进行液化。冷凝器分为 4 种型式：钢丝盘管式、百叶窗式、内藏式和翅片盘管式。如图 4 - 18 所示。

影响冷凝器传热效率的因素有以下几种。

(1) 空气流速和环境湿度。空气流速是影响冷凝器传热效率的重要因素，流速越慢则传热效率越低。但流速也不能过高，流速太高，将增大流阻和噪声，而传热效率无明显提高。因此，电冰箱周围应空气流畅，尤其上部不能遮盖，以利空气对流。

(2) 污垢。自然对流冷却方式或是强制对流冷却方式的冷凝器，使用一段时间后，其表面一定会积落灰尘、油垢。由于灰尘、油垢传热不良，会影响其传热效率，因此需要定期清洁冷凝器。此问题易被使用者忽视。

(a) 钢丝盘管式　(b) 百叶窗式
(c) 内藏式　(d) 翅片盘管式

图 4-18　电冰箱冷凝器

(3) 空气。当电冰箱制冷系统中的残留空气过多时，由于不易液化，降低传热效率。因此，在充注制冷剂的过程中，必须要将制冷系统中的空气抽排干净。

3. 干燥过滤器

电冰箱使用的过滤器，又称干燥过滤器，它在电冰箱制冷系统中起到去除水分、过滤杂质的作用，即去水滤杂。如图 4-19 所示。

4. 毛细管

毛细管在制冷系统中起节流降压的作用，将冷凝后的高压液态制冷剂通过毛细管节流作用，将压力降到蒸发压力后，以适应冷量负荷的变化需要，即降低制冷剂液体压力和温度。如图 4-20 所示。

图 4-19　电冰箱干燥过滤器

图 4-20　毛细管

5. 蒸发器

蒸发器的作用是把压缩机和毛细管相互作用而减压的液体制冷剂进行蒸发，吸收蒸发器周围的空气热量，使这部分温度低的空气与箱内温度高的空气形成对流，达到箱内温度下降的目的，即利用制冷剂蒸发吸热，产生冷作用。蒸发器可分为铝复合板式、管板式、单脊翅片盘管式和翅片盘管式等几种样式。如图 4－21 所示。

(a) 铝复合板式

(b) 管板式

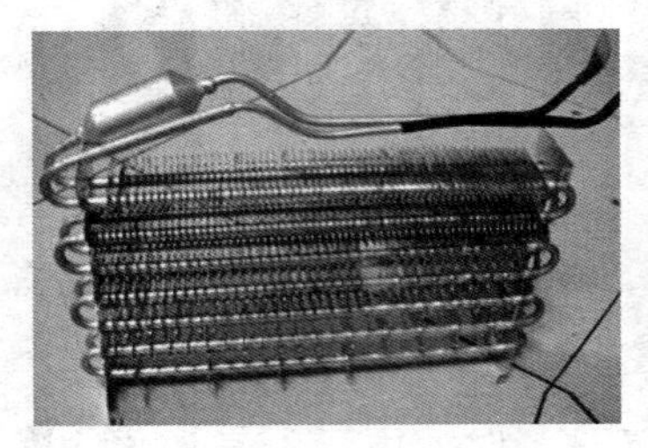

(c) 单脊翅片盘管式

(d) 翅片盘管式

图 4－21 电冰箱蒸发器

影响蒸发器传热效率的因素有以下几种。

(1) 霜层及污垢。蒸发器是通过金属表面对空气进行热交换的。金属的导热率很高，例如，铜的导热系数为 380W/(m·K)，铝的导热系数为 203W/(m·K)，但冰和霜的导热系数分别为 2.3W/(m·K) 和 0.58W/(m·K)，要比铜和铝低数百倍。所以，蒸发器表面结有较厚的冰和霜时，传热效率就要大为降低。尤其是强化对流的翅片盘管式蒸发器，霜层将会导致翅片间隙缩小甚至堵塞风道、冰箱工作失常。

(2) 空气对流速度。通过蒸发器表面的空气流速越高，传热效率越高。直冷式电冰箱是靠空气自然对流冷却的，如果食品之间或食品与箱内壁之间没有适当的间隙，而挤得很满、很紧，空气就不能正常对流，因而降低了蒸发器的传热效率。强迫对流冷却的蒸发器，风速过低或风道不畅都会使传热效率降低。

(3) 传热温差。蒸发器与周围空气的温差越大，蒸发器传热效率越高；当温差相同时，箱内湿度越高，传热效率越低。

(4) 制冷剂。制冷剂沸腾（汽化）时的散热强度、制冷剂的导热系数大小及流速都会直接影响蒸发器的传热性能。制冷剂沸腾时的散热强度随受热表面温度与饱和温度之差的增大而增高。R－134a 传热效率比 R－12 差，也稍差于 R－600a，而 R－12 的传热效率最好。

三、压缩式冰箱制冷原理及其循环方框图

1. 压缩式冰箱制冷原理

在炎热的夏天，常会感到房间里闷热，这时只要在房间的地面上洒一些水，人们立刻就会感到凉快一些。这是因为洒到地面上的水很快地蒸发，在蒸发时，水要吸收周围空气的热量，从而起到降温作用。这说明，液态物质在蒸发时，都要吸收其周围物体的热量，周围物体由于热量的减少而温度降低，起到制冷的效果。电冰箱就是利用易蒸发的某种制冷剂液体在蒸发器里大量蒸发，冷却了蒸发器，从被冷冻、冷藏的食品或空间介质中带走蒸发所需的热量，从而降低电冰箱内食品或空气的温度。

在我国，家用电冰箱大部分都是采用压缩式制冷循环原理来制冷的，即利用压缩机增加制冷剂的压力，使制冷剂在制冷系统中循环流动，由汽化←→液化，如此周而复始地将箱内冷藏冷冻食物中的热量“搬出”箱外，实现制冷目的。

2. 压缩式制冷循环方框图

压缩式制冷循环系统是由压缩机、冷凝器、干燥过滤器、毛细管、蒸发器 5 个基本部件组成的。冷凝器和蒸发器是系统中的热交换装置。5 个基本部件之间由管道连接形成一个密闭的系统，制冷剂在系统内按箭头所指方向循环流动。图 4-22 所示为压缩式电冰箱制冷循环方框图，图中水平线 AA' 的上半部为气相区，下半部为液相区；垂直线 BB' 的左半边为低压区，右半边为高压区。为了便于记忆，其记忆口诀为：“上气下液，左低右高”。在这个循环过程中，制冷剂经历了 4 个工作过程：蒸发→压缩→冷凝→节流。

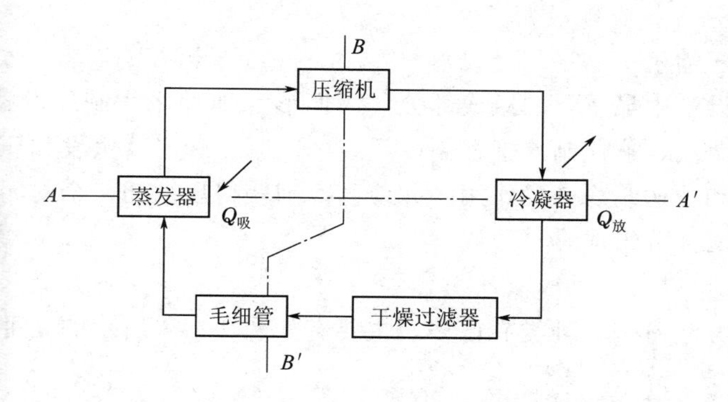

图 4-22 压缩式电冰箱制冷循环方框图

【课堂演练】

(1) 电冰箱四大部分的名称作用。

序号	部分（系统）名称	作用	主要部件名称
1			
2			
3			
4			

(2) 标出图 4-23 中制冷剂在电冰箱制冷系统的流向和相态。

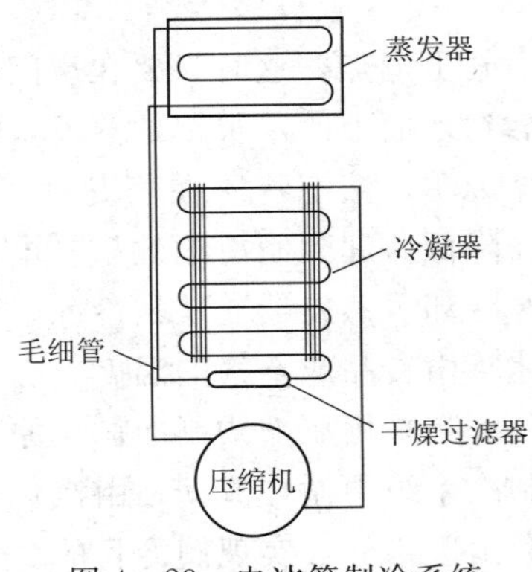

图 4-23 电冰箱制冷系统

任务三 电冰箱电气控制系统

学习目标：

1. 认识电冰箱元器件，了解其结构及工作原理。
2. 学会判断电冰箱元器件的好坏及接线是否正确。
3. 培养实物接线能力，加深对电路图的理解。

一、全封闭式压缩机

压缩机是制冷设备中最重要的组成部分，人们形象地称之为制冷设备的“心脏”。其功能是压缩制冷剂蒸汽，迫使制冷剂在制冷系统中冷凝、膨胀、蒸发和压缩，周期性地不断循环，起到压缩和输送制冷剂的作用，并使制冷剂获得压缩功。全封闭式压缩机由压缩机和压缩机电动机两部分组成。

1. 压缩机的种类

压缩机分类的方法不一，种类有许多，主要有如图 4-24 所示的几种。

2. 压缩机的特点

全封闭活塞式压缩机的特点是：压缩机与电动机（又称压缩机电动机）共用一主轴，利用弹簧将机组悬吊在以钢板冲压成型的机壳内，机壳采用焊接密封。

机壳底座设有弹性胶垫，通过弹簧和胶垫来降低压缩机的震动和噪声。

从外形看，全封闭式压缩机的机壳有 3 根铜管（即吸气管、排气管、工艺管）和一个电源接线盒（接线盒内装有启动继电器和过载保护继电器），如图 4-25 所示。

3. 压缩机的结构

目前，在家用制冷设备中使用的全封闭式压缩机主要有活塞式、滑管式和旋转式等压缩机。

(1) 活塞式压缩机。活塞式压缩机主要由汽缸、活塞、曲轴、连杆、阀片等组成。其结构如图 4-26 所示。

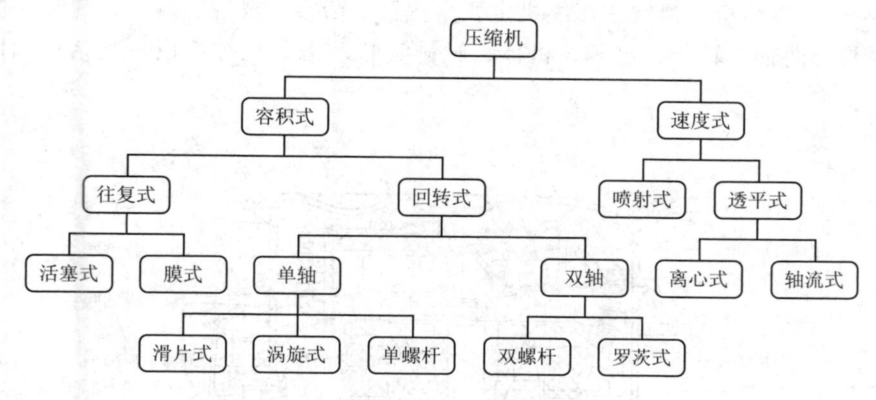

图 4-24　压缩机的分类

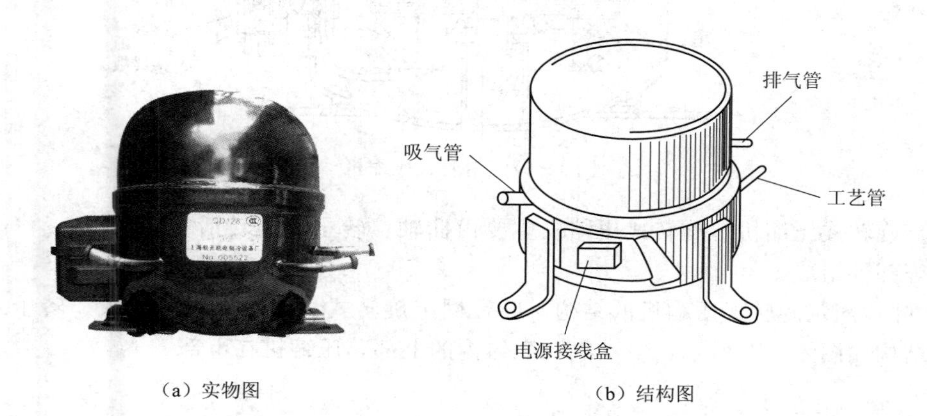

（a）实物图　（b）结构图

图 4-25　全封闭式压缩机

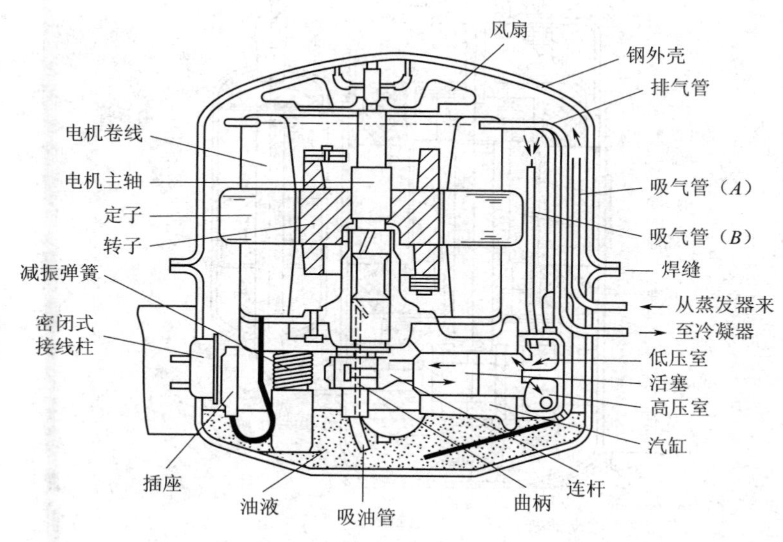

图 4-26　活塞式压缩机

（2）滑管式压缩机。滑管式压缩机主要由汽缸、活塞、滑管、滑块、气阀（包括吸气阀和排气阀）、曲轴、转子、定子、机体、吸排气管、密封壳等组成，其结构如图 4-27 所示。

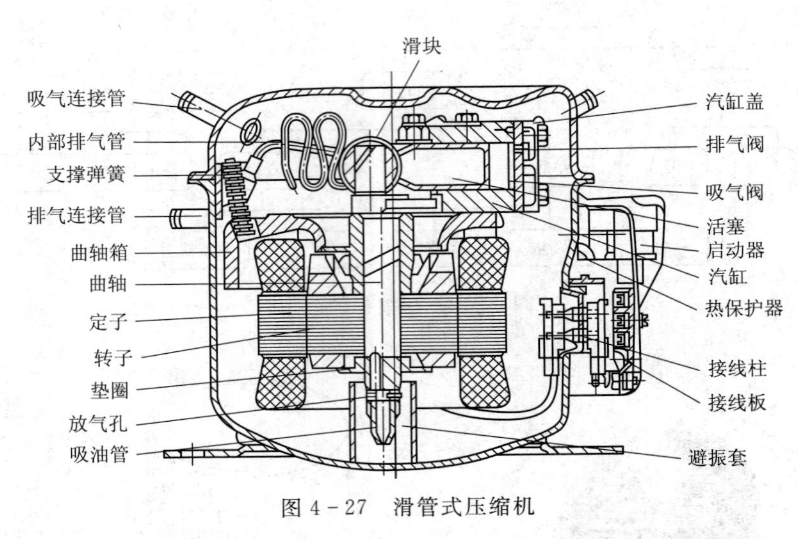

图 4-27 滑管式压缩机

（3）旋转式压缩机。旋转式压缩机主要由曲轴、转子（旋转活塞）、滑板、汽缸、排气阀片等部件组成。

1）叶片固定旋转式压缩机的结构。叶片固定旋转式（定片式、刮片式、转子式）压缩机的结构如图 4-28 所示，电动机在壳体内的上部，压缩机在下部。

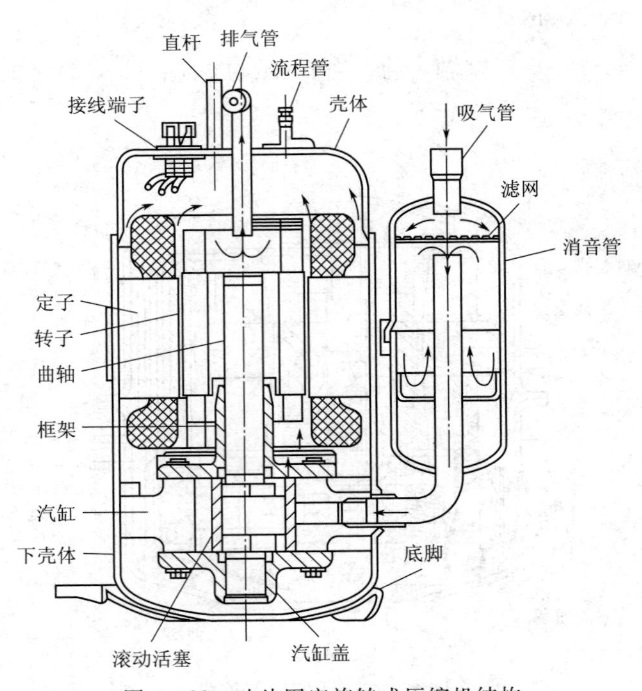

图 4-28 叶片固定旋转式压缩机结构

2）叶片旋转式（滑片式）压缩机的结构。叶片旋转式（滑片式）压缩机的结构如图 4 - 29 所示。

3）涡旋旋转式压缩机的结构。涡旋旋转式内部结构如图 4 - 30 所示。

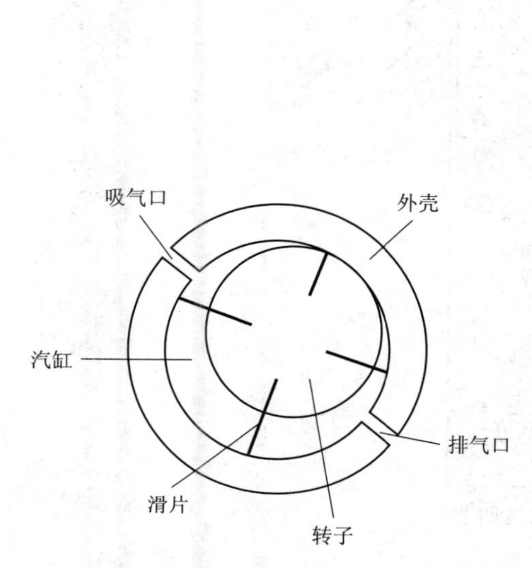

图 4 - 29　叶片旋转式（滑片式）压缩机结构

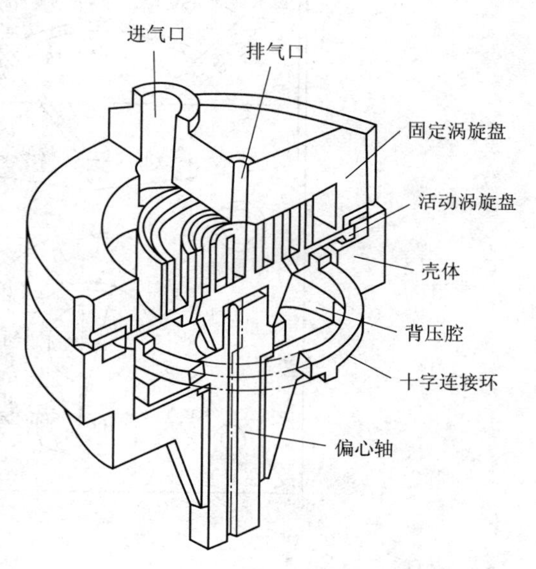

图 4 - 30　涡旋旋转式压缩机结构

4. 压缩机电动机绕组

全封闭式压缩机中的压缩机电动机是压缩机的原动力源，是将电能转换成机械能的装置。

压缩机电动机有启动和运行两个绕组，如图 4 - 31 所示。

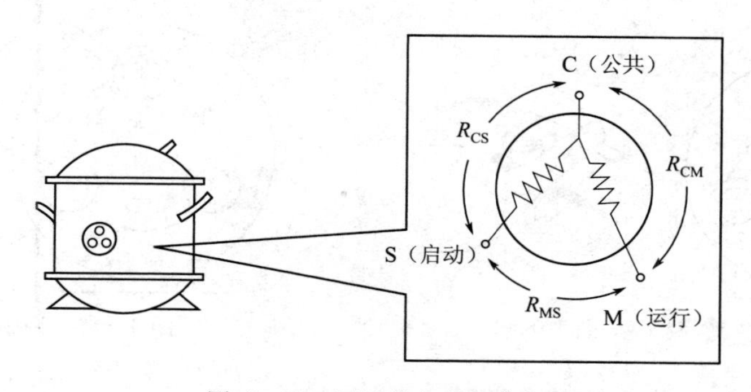

图 4 - 31　压缩机电动机绕组

【课堂演练一】 电冰箱全封闭式压缩机的演练

1. 压缩机电动机的端子判断

(1) 万用表调节（图 4 - 32）。

1）万用表应水平放置。

2）如万用表指针不在“零”位，可以调整调零器，使指针指在“0”。

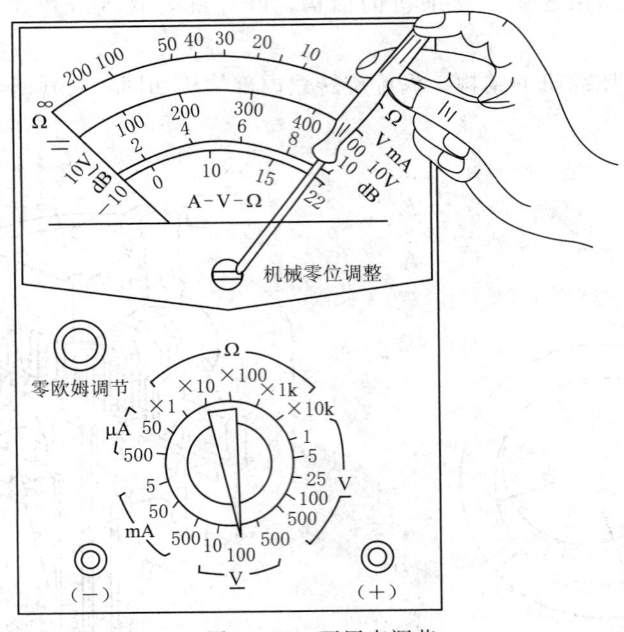

图 4-32 万用表调节

(2) 测量端子间阻值。用万用表电阻挡分别测量压缩机电动机的各端子间的阻值，即 R_{1-2}、R_{2-3}、R_{1-3}。如图 4-33 所示。

(3) 判断 CSM。若 R_{1-3} 的阻值最大，端子 2 为公共端子（C），剩下的两个端子间若 $R_{2-3}>R_{1-2}$，则说明端子 3 为启动端子（S），端子 1 为运行端子（M），如图 4-33 所示。正常电冰箱压缩机端子间的阻值应符合 $R_{1-3}=R_{2-3}+R_{1-2}$。如图 4-34 所示。

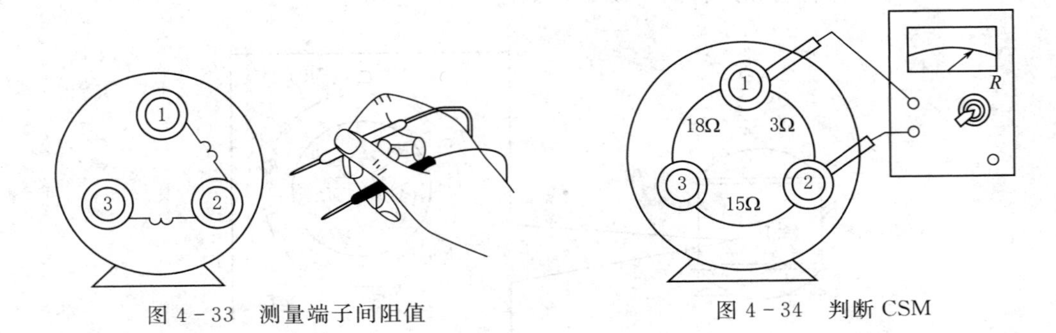

图 4-33 测量端子间阻值

图 4-34 判断 CSM

(4) 万用表用后的处理（图 4-35）。

1) 万用表使用后，将选择开关拨到 OFF 或最高电压挡，防止下次开始测量时不慎烧坏万用表。

2) 长期搁置不用时，应将万用表中的电池取出。平时对万用表要保持干燥、清洁，防止振动和机械冲击。

2. 压缩机电动机绝缘性能的检测

(1) 万用表调节（图 4-36）。

1）万用表应水平放置。

2）将万用表调到 $R\times1k\Omega$ 或 $R\times10k\Omega$ 挡，调零。

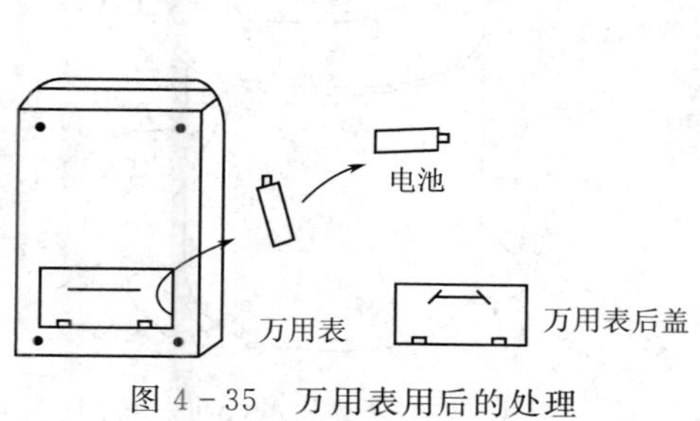

图 4-35　万用表用后的处理

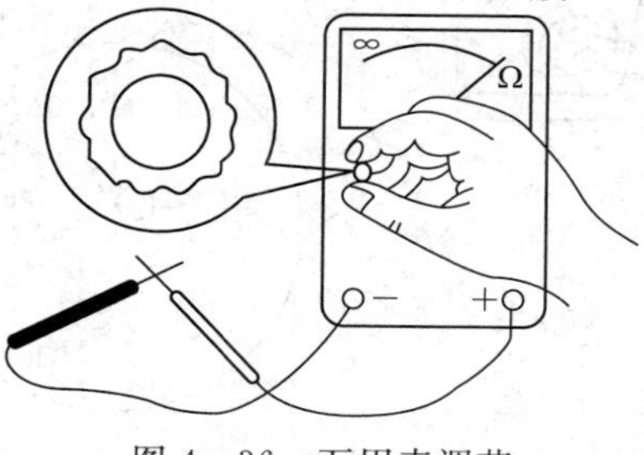

指针应指向零刻度
∞
Ω
○－　＋○

图 4-36　万用表调节

（2）绝缘的检测。将万用表调到 $R\times1k\Omega$ 挡或 $R\times10k\Omega$ 挡经“调零”后，用表笔测量绕组线端与外壳之间的电阻值，若电阻值等于或趋近于 0，则表示绕组接地（通地）。如图 4-37 所示。

3. 压缩机电动机的绕组短路和断路的判断

（1）短路的判断。将万用表调到 $R\times1\Omega$ 挡或 $R\times10\Omega$ 挡，经“调零”后，用表笔测量绕组接线端子（接线柱）之间的直流电阻值，若电阻值为 0 或比规定值小得多，则表示绕组短路或线间局部短路。如图 4-38 所示。

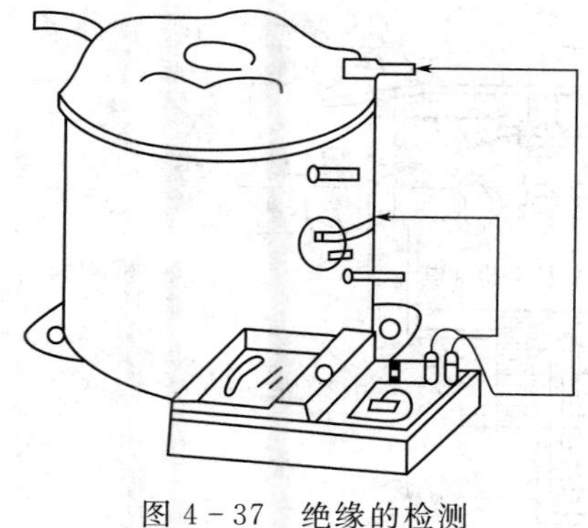
图 4-37　绝缘的检测

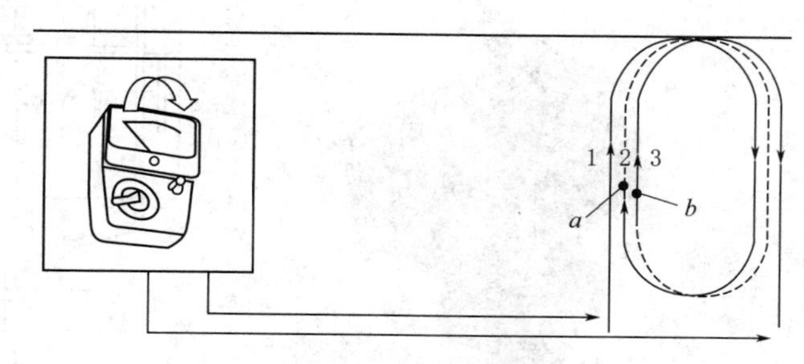

图 4-38　短路的判断

（2）断路的判断。将万用表调到 $R\times1\Omega$ 挡或 $R\times10\Omega$ 挡，经“调零”后，用表笔测量绕组接线端子（接线柱）之间的直流电阻值，若电阻值为∞，则表示断线（绕组断路）。如图 4-39 所示。

4. 压缩机的吸排气检测

给电冰箱压缩机接上启动和保护装置，然后接通电源，用钳形电流表测出空载启动电流和空载运行电流，运行声音平稳。

将手指放在吸气口，应有明显的吸力感（即手指被压缩机吸气口吸住）；将手指按住排气口，应有明显的排斥感（即手指按不住压缩机排气口），说明电冰箱压缩机吸排气良好。如图 4-40 所示。

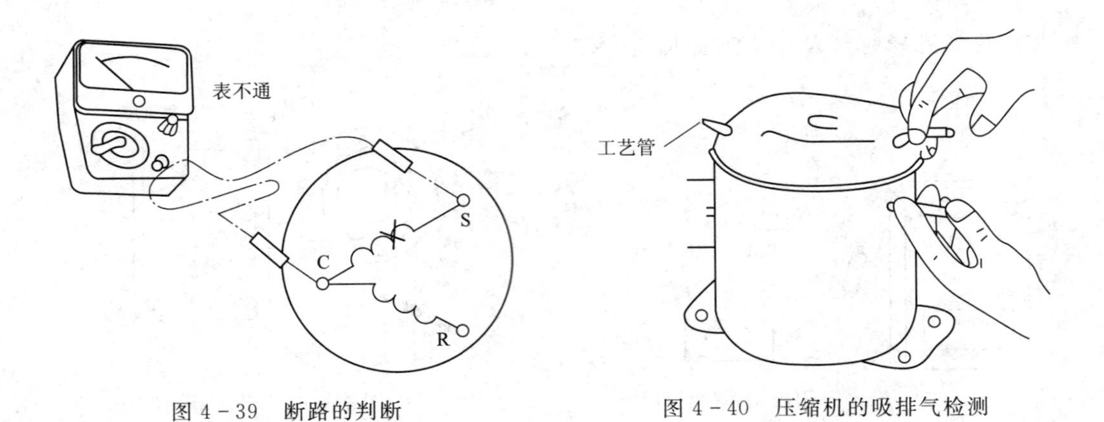

图 4-39 断路的判断　　　　图 4-40 压缩机的吸排气检测

二、启动继电器

1. *启动继电器结构原理*

电冰箱、空调器常用的启动继电器有重锤式、PTC式两种。

（1）重锤式启动继电器（简称重锤启动器）是一种结构紧凑、体积小、可靠性好的启动继电器。重锤式启动继电器的结构如图 4-41 所示，主要由电流线圈、电触点、衔铁和绝缘壳体等组成。

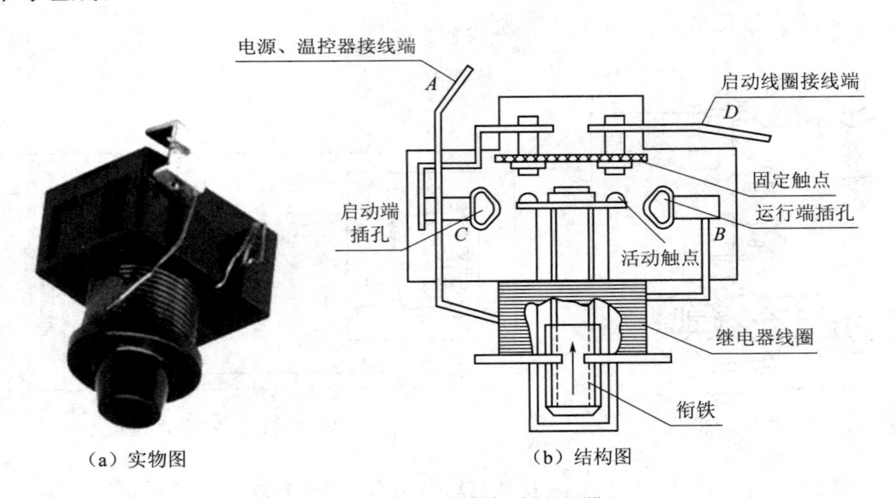

（a）实物图　　（b）结构图

图 4-41 重锤式启动继电器

其工作原理是：启动继电器的线圈和压缩机电动机的运行绕组串联在一起，如图 4-42 所示。在压缩机电动机接通电源的瞬间，由于只有运行绕组接入，电动机无法启动，此时有较大的启动电流。该电流值超过了继电器的吸合电流“*A*”点，衔铁被吸上，衔铁带动动触点向上运动与静触点闭合，接通启动绕组电源，在定子中产生旋转磁场，使转子转动。而运行绕组中的电流随着电动机转速的升高而下降，当电动机转速（约 1s）达到额定转速的 80%时，运行绕组中的电流下降到继电器的释放电流值“*B*”点以下，继电器线圈产生的电磁吸力无法吸住衔铁，在自身重力的作用下，衔铁下落使触点断开，从电路中断开启动绕组。

此时，启动继电器线圈中虽然通过额定电流，但不足以吸动衔铁。图 4-43 所示为通过启动继电器线圈的电流变化曲线。

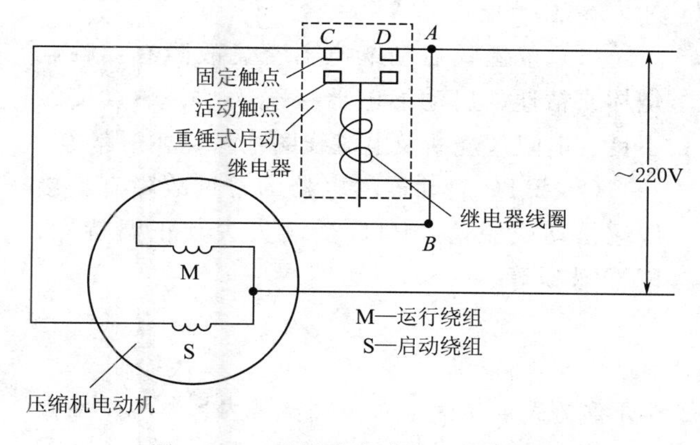

图 4-42　重锤式启动继电器接线图

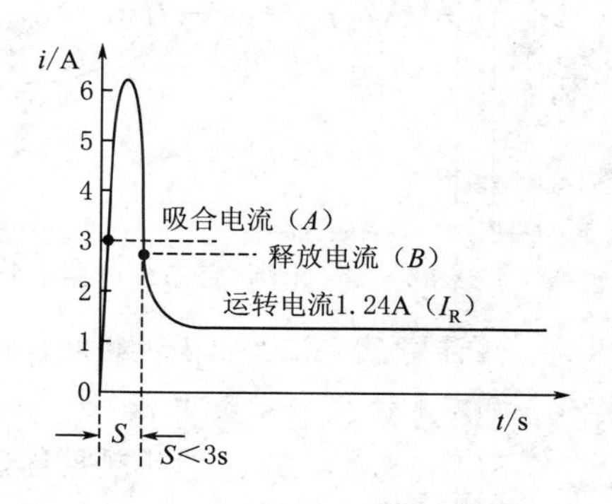

图 4-43　压缩机启动电流状态

（2）PTC 式启动继电器（简称 PTC 启动器）结构原理。近年来，大量的压缩机电动机采用 PTC（正温度系数）热敏电阻代替电磁式的启动继电器，因其具有结构简单、工作可靠、无触点、寿命长等优点，如图 4-44 所示。它是以钛酸钡掺合微量的稀土元素经陶瓷工艺制成的一种半导体晶体，其电阻-温度关系曲线如图 4-45 所示。

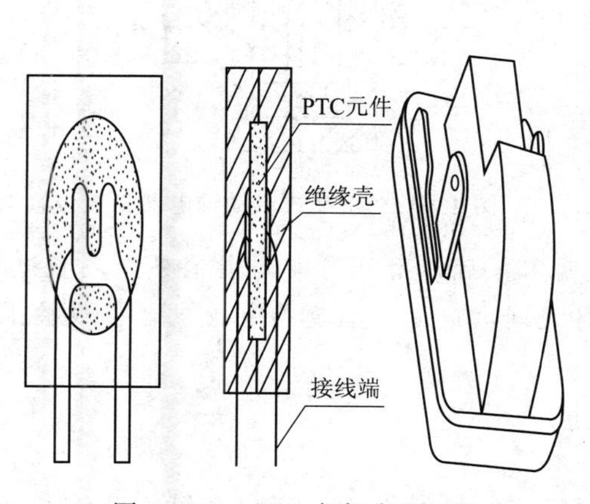

图 4-44　PTC 式启动继电器

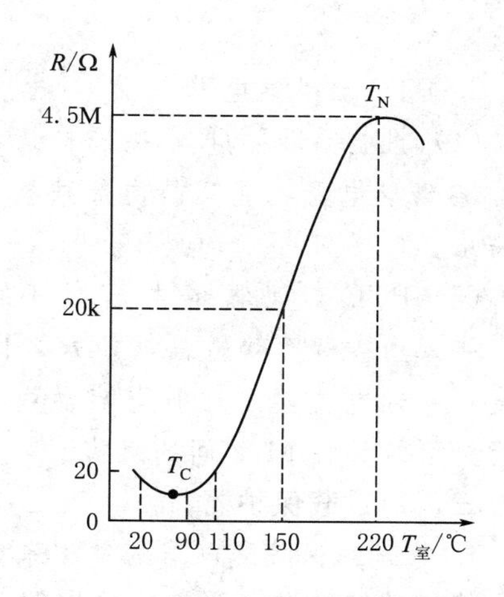

图 4-45　PTC 电阻-温度关系曲线

该曲线有如下两个特点：

1）在室温（$T_{室}$）和居里点（T_C）之间，器件的电阻值变化平缓；在 90℃附近时，其阻值出现最低值 R_{min}，而在 100℃附近时，器件的阻值与室温时的阻值基本相等。可见在 $T_{室}$ 到 T_C 温度范围内，PTC 元件呈低阻导通状态，即相当于器件呈“通”的状态。

2）在居里点（T_C）以上，其阻值随温度的升高增大极快。

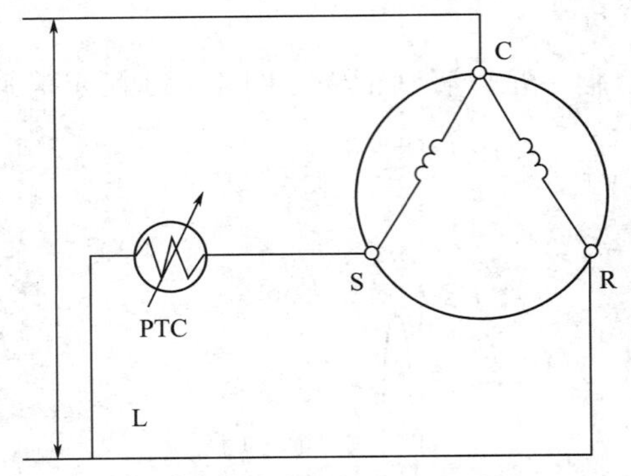

图 4-46 PTC启动继电器电路图

其工作原理是：PTC启动继电器与电动机的启动绕组串联后，再与运行绕组并联接入电路，如图 4-46 所示。

2. 启动继电器常见故障

(1) 重锤式启动继电器常见故障有：触点烧坏或粘连、启动继电器接线松动、触点接触不良、电阻丝烧断及电流线圈绝缘烧坏短路等。

(2) PTC启动器继电器的常见故障有：接线端松动或脱落、PTC受潮失去其正温特性、PTC破损等。

【课堂演练二】 启动继电器的演练

1. 重锤式启动继电器

(1) 机构认识：①外观机构认识；②拆开重锤式启动继电器，观察其内部结构及触点之间的关系。如图 4-47 所示。

(2) 重锤式启动继电器的检测方法。将万用表调至欧姆挡（如 $R\times1\Omega$ 挡），“校零”后，用万用表两表笔分别测量电源、温度控制器接线柱 L 与启动线圈接线柱 S 之间，电源、温度控制器接线柱 L 与运行绕组接线柱 M 之间的阻值。

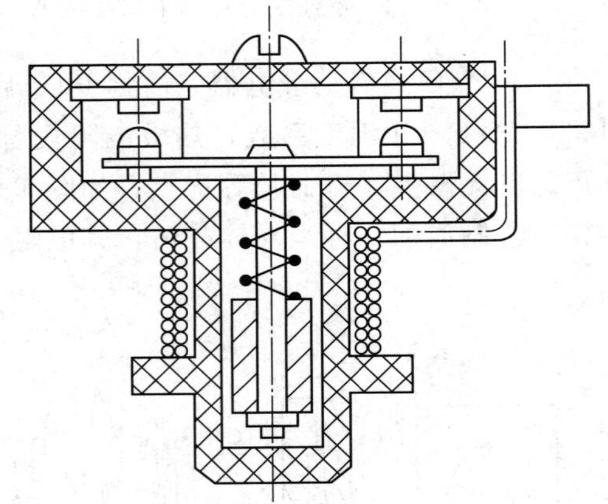
图 4-47 重锤式启动继电器正置位置

2. PTC启动继电器

(1) 机构认识：①外观机构认识；②拆开PTC启动继电器，观察其内部结构及触点之间的关系。

(2) PTC启动器继电器好坏的检测方法是：将万用表调至欧姆挡（如 $R\times1\Omega$ 挡），“调零”后，用万用表两表笔分别测量电源、温度控制继电器接线柱 L 与启动线圈接线柱 S 之间，电源、温度控制继电器接线柱 L 与运行绕组接线柱 M 之间的阻值。

三、热过载保护器

1. 热过载保护继电器的结构原理

热过载保护继电器简称热保器。它安装在压缩机接线盒内，开口紧贴在压缩机外壳上，能直接感受到机壳温度，其外形结构如图 4-48 所示。

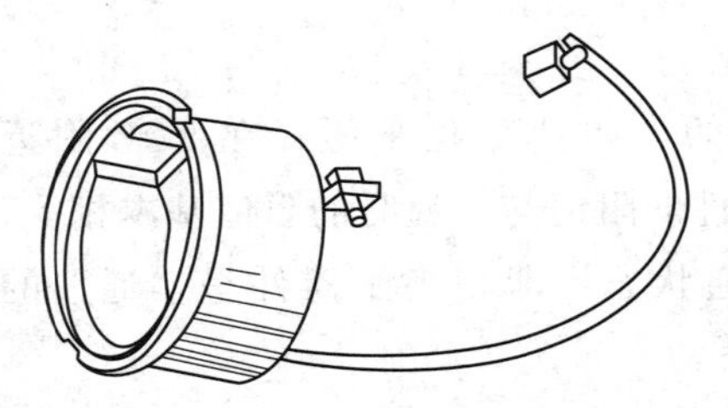
图 4-48 热过载保护继电器

其工作原理：当电源电压过低，制冷系统“脏堵”，制冷剂过多或压缩机绕组断路、漏电而导致电流过大时，电热丝发热量增大，碟形双金属片受热向上弯曲翻转，其触点断开将电源切断，以达到保护压缩机的目的。

2. 热过载保护继电器的常见故障

热过载保护继电器的常见故障有：触点粘连、电阻加热器熔断、碟形双金属片工作稳定性差等。

【课堂演练三】 全封闭式压缩机用热过载保护继电器的演练

(1) 机构认识：①外观机构认识；②拆开热过载保护继电器，观察其内部结构及触点之间的关系。

(2) 热过载保护继电器的检测方法。将万用表调至欧姆挡（如 $R\times1\Omega$ 挡），“调零”后，将两表笔分别接触热过载保护继电器的接线端，若测得阻值为零，则表示 PTC 启动继电器基本正常。

四、温度控制器

1. 温度控制器的结构原理

(1) 温度控制器的温控过程如图 4-49 所示。

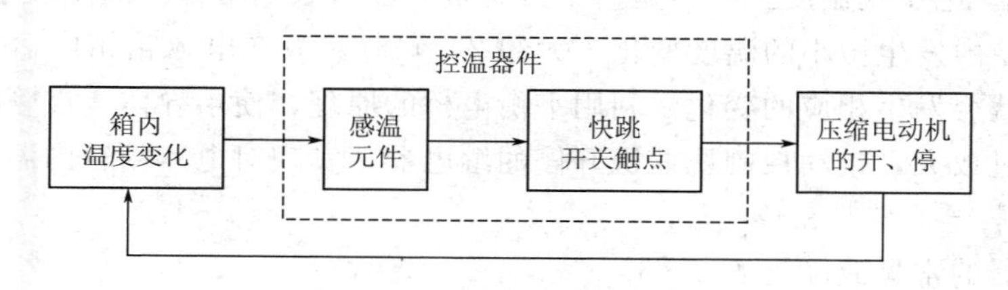

图 4-49　温度控制器的温控过程

(2) 温度控制器的类型。

1) 机械式。

a. WPF 型。WPF 系列普通型温度控制器适用于双温双控直冷式电冰箱及多门间冷式电冰箱及冷冻柜作控温元件。

外形结构特点：有可调温的旋柄，电气上有两个引出线端子。在线路中温控触点 L-C 与压缩电动机串接。如图 4-50 所示。

b. WSF 型。WSF 系列按钮式半自动化霜型温度控制器适用于直冷式单门电冰箱。

外形结构特点：在外形上多了个化霜按键，即在 WPF 型结构的基础上增加了一个化霜结构。如图 4-51 所示。

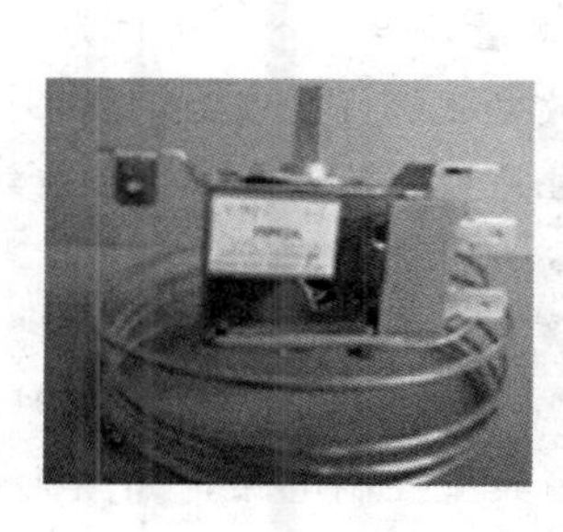

图 4-50　WPF 型温度控制器

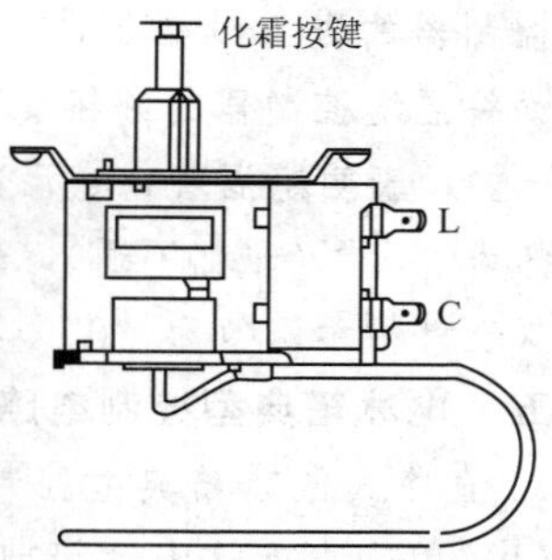

图 4-51　WSF 型温度控制器

c. WDF 型。WDF 系列定温复位型温度控制器适用于双门双温直冷式电冰箱。

外形结构特点：有 H、L、C 三个引出端，H－L 为手动强制开关，LC 为温控开关。如图 4－52 所示。

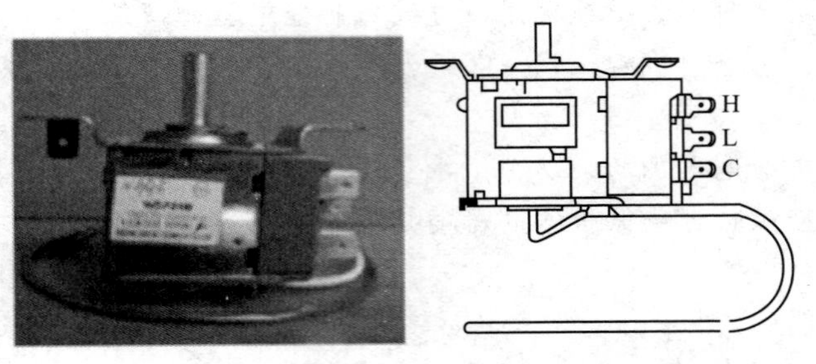

图 4－52 WDF 型温度控制器

2）电子式。电子式温度控制器是一个具有负温度系数电阻特性的热敏电阻器件。

特点：当箱内发生微小的温度变化（大约 2℃）时，放在电冰箱箱内适当位置上的热敏电阻的阻值就会发生相应的变化。利用平衡电桥的原理，使半导体三极管的基极电流发生变化，再经过放大，带动控制压缩机开停的继电器，实现对电冰箱箱内温度的控制。

2. 温度控制器的常见故障

温度控制器的常见故障见表 4－3。

表 4－3 温度控制器的常见故障

故障原因	故障现象
感温管损坏感温剂泄漏	使温度控制器的触点断开，压缩机不能工作（即不能启动）
触点接触不良	压缩机不能工作（即不能启动）
触点粘连	压缩不能停止，箱内温度过低
温度控制器漏电	整台电冰箱漏电
温度控制器机械卡住	不能进行温度调节

【课堂演练四】 温度控制器的演练

（1）机构认识。认识温度控制器并熟悉温度调节旋钮的使用。

（2）温度控制器的检测方法。将温度控制器的旋钮旋至停位，用万用表的欧姆挡测量温度控制器的进出线端子，当表针指示阻值为“0”，表明温度控制器触点粘连。

如将温度控制器的旋钮旋至制冷运行，用万用表的欧姆挡测量，表针指示阻值为“∞”（即不通），表明感温管内感温剂泄漏；将温度控制器的旋钮旋放置在任何挡位上，表针指示阻值都为“∞”（即都不通），表明触点烧坏或机械传动部分卡住；如旋钮位置离开停位触点接通（表针指示阻值为“0”），但在工作中开、停时间失常，则表明机械传动部分失灵。

五、电冰箱典型控制电路

1. 直冷式电冰箱典型控制电路

（1）单门直冷式电冰箱典型控制电路。单门直冷式电冰箱典型控制电路，如图 4－53 所示。

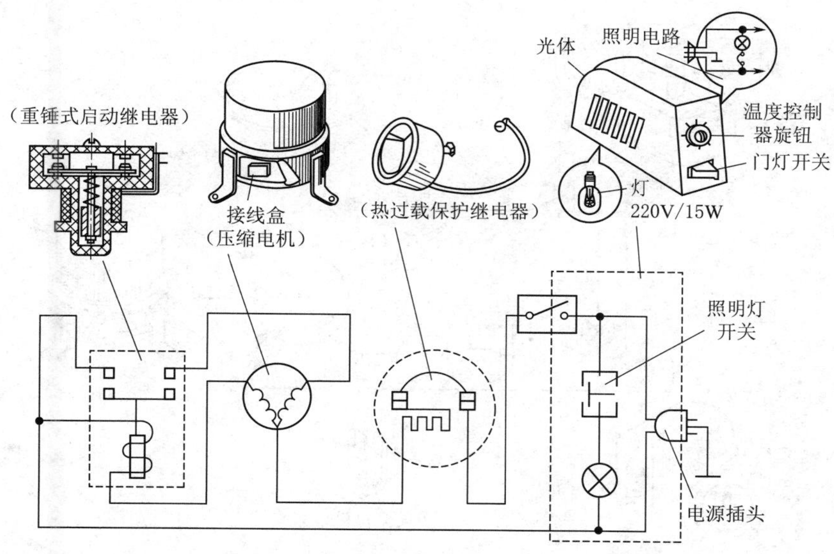

图 4-53　单门直冷式电冰箱控制电路（重锤式启动控制）

其工作原理是：当电冰箱接入电源时，温度控制继电器的触点为接通状态，电流经温度控制继电器，热过载保护继电器，制冷压缩机电动机的运行绕组及启动器线圈构成通路，电路中瞬时电流值很大。于是，重锤式启动继电器工作，衔铁被吸动，使触点接通，从而使制冷压缩机电动机的启动绕组有电流通过，在定子中产生旋转磁场，压缩机电动机开始启动运转，并很快达到额定转速，随之流过电路的电流下降。当电流下降到不足以吸动衔铁时，衔铁靠重力落下，将重锤式启动继电器触点断开，启动绕组断电，启动完毕，压缩机电动机进入正常工作。在一些电冰箱的压缩机电动机启动绕组的电路中串联了 1 个电容器，其主要作用是增大电动机的启动转矩，改进启动性能。

在压缩机运行若干分钟后，电冰箱冷冻室温度下降到温度控制继电器所调定的温度时，其触点迅速断开，使压缩机电动机断电而停止制冷。之后电冰箱内温度又逐渐上升，当超过温度控制继电器所调定的温度时，触点又重新接通，电冰箱又开始制冷。如此循环使电冰箱内的温度保持在一定范围内。

部分单门直冷式电冰箱采用 PTC 元件作为启动装置，其典型电路如图 4-54 所示。

(2) 双门直冷式电冰箱典型控制电路。双门直冷式电冰箱典型控制电路，如图 4-55 所示。

其工作原理是：温度控制继电器旋钮置于断开状态，端子 1、2 之间触点断开。压缩机电动机和加热器处于不工作状态。温度控制继电器旋钮旋离 OFF 位置，端子 1、2、3 之间触点闭合，构成通路（此时加热器几乎近于断路，因为它的电阻总值达约 4032Ω，不可能分流），压缩机电动机启动运转，电冰箱开始制冷。当箱内温度下降到调定值时，温度控制继电器 2、3 间触点断开，压缩机电动机停转，电冰箱停止制冷，与此同时加热器加热。

当箱内温度升高到预定值时，端子 2、3 间触点闭合，压缩机电动机又启动运转，电

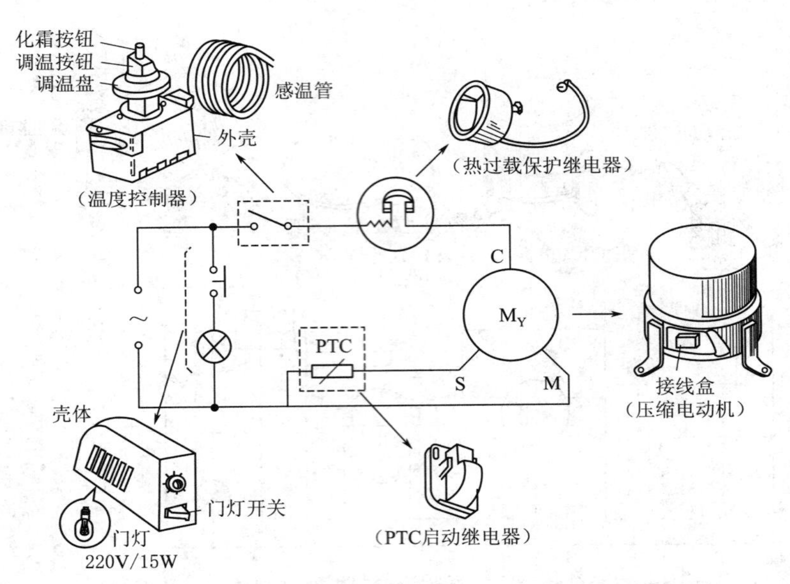

图 4-54　单门直冷式电冰箱控制电路（PTC 式启动控制）

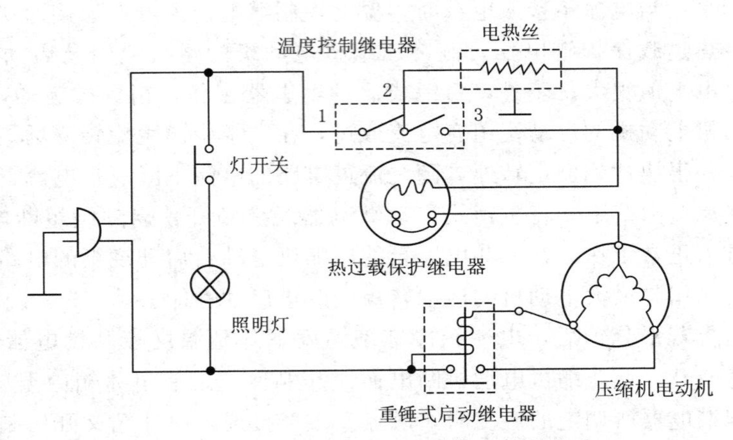

图 4-55　双门直冷式电冰箱典型控制电路

冰箱再次制冷。

2. 间冷式电冰箱典型控制电路

双门间冷式电冰箱典型控制电路如图 4-56 所示。

其工作原理是：在接通电源后，由于除霜计时器的转换开关 a、b 是连通的，从而将压缩机电动机的启动与保护电路接入电源，压缩机开始运转，电冰箱开始制冷。同时，除霜计时器的时钟电动机、除霜和排水加热器及保险丝也接入电路。但由于时钟电动机的电阻远大于加热器的并联电阻，故两个加热器并不加热。时钟电动机与压缩电动机同步运转，电冰箱处于制冷状态。

当压缩机累积运行达 8h，除霜计时器的转换开关 a、b 就会断开，压缩机电动机和风扇电动机停止运转；而 a、c 接通，同时由于化霜温度控制继电器处于接通状态，从而将

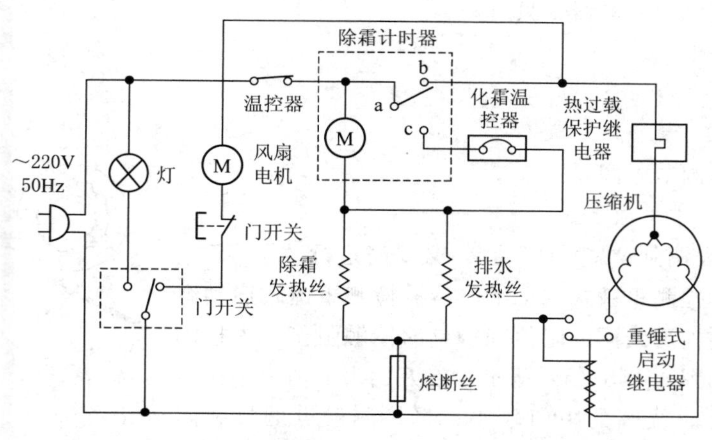

图 4-56　双门间冷式电冰箱典型控制电路

时钟电动机短路，使加热器接通加热，进而除霜并将霜水排出。

当蒸发器表面的凝霜全部融化后，化霜温度控制继电器断开，而将时钟电动机重新接入电路，约 2min 后转换开关 a、b 重新接通，a、c 断开，压缩机又启动运转，重新开始制冷。当蒸发器表面温度降到一定值（约－5.5℃）时，化霜温度控制器的触点复位闭合，为下一次化霜做准备。

为保证电冰箱内冷空气的强制循环对流，安装了风扇电动机。若压缩机电动机因冷冻室温度控制继电器断开或因除霜计时器运转开关 a、b 断开而停止制冷时，则风扇电动机电路同时被切断，风扇就停止工作。若冷冻室门打开，门开关断开，风扇也将停止工作。电冰箱任一门打开时风扇都停止工作，可避免箱内冷空气流失。

【课堂演练五】 电冰箱控制电路图的识读

根据教师提供的电冰箱控制电路图（或选用图 4-53～图 4-56 中任意一张）进行识读，指出控制电路中的基本回路，组成每个回路的电器件，并完成表 4-4 的填写。

表 4-4　电冰箱控制电路图的认识

电冰箱控制电路图名称		
序号	基本控制回路名称	回路中的主要电器元件
1		
2		
3		

六、操作实践

【实践 1】 启动保护装置检测、装插及压缩机试运行。

任务内容：认识重锤式启动继电器、热过载保护继电器和压缩机，并用万用表检测它们的完好情况，进行正确装插和压缩机通电试运行。

1. 所需设备

（1）重锤式启动继电器 1 只。

（2）热过载保护继电器1只。

（3）万用表1块。

（4）压缩机1台。

2. 操作步骤

（1）万用表调节（图4-57）。

1）万用表应水平放置。

2）将万用表调到“$R\times1k$”挡，必要时进行“调零”。

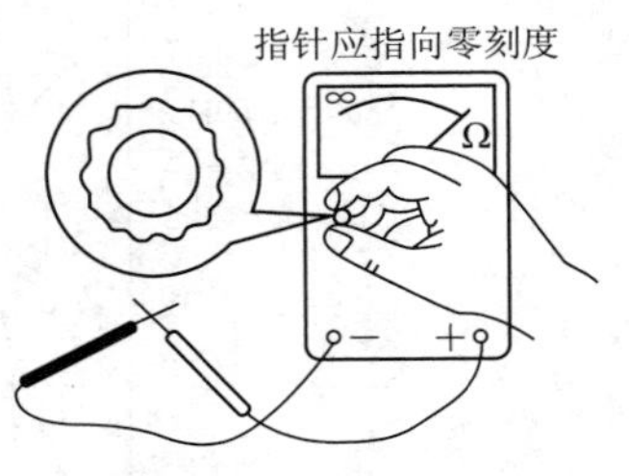

图4-57　万用表调节

（2）识别、检测重锤式启动继电器。检测重锤式启动继电器时，要分别检测线圈的阻值和触点的接触阻值。先检测线圈的阻值，如图4-58（a）所示，将万用表的两表笔接线圈的两端，正常时线圈的阻值较小；再检测触点的接触阻值，如图4-58（b）所示，将万用表的两表笔接在触点处，触点间的阻值应为∞，触点处于常开状态。

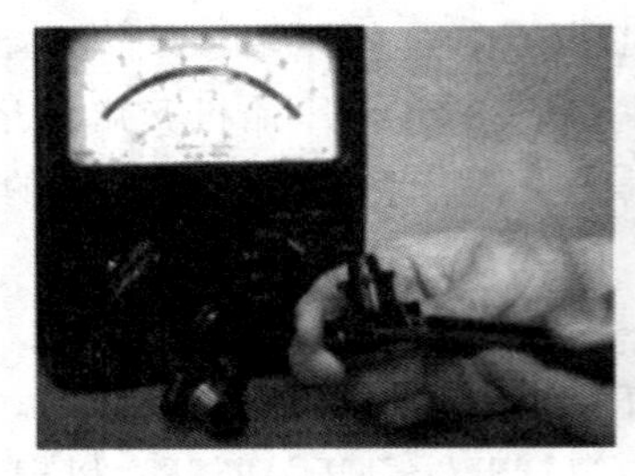

（a）检测线圈的阻值

（b）检测触点的接触阻值

图4-58　识别、检测重锤式启动继电器

（3）识别、检测热过载保护继电器。用万用表检测热过载保护继电器，其阻值为1Ω左右。如果阻值过大，甚至达到无穷大，就说明热过载保护继电器内部有断路现象，已经损坏，不能使用，需要更换新件。如图4-59所示。

（4）识别、检测压缩机接线端子。压缩机电动机的端子判断如图4-60所示。

图4-59　识别、检测热过载保护继电器

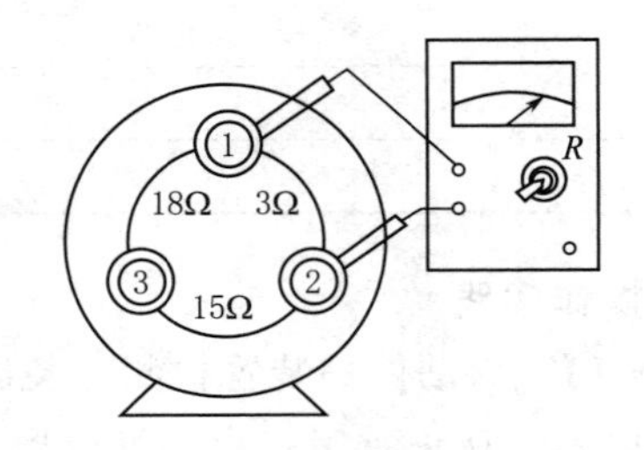

图4-60　识别、检测压缩机接线端子

（5）启动保护装置的装插。将重锤式启动继电器和热过载保护继电器正确地装插在压缩机的接线端子上，如图4-61所示。

（6）压缩机通电试运行。学生检查装插情况，教师复核无误后，接通电源进行试运行。如图 4－62 所示。

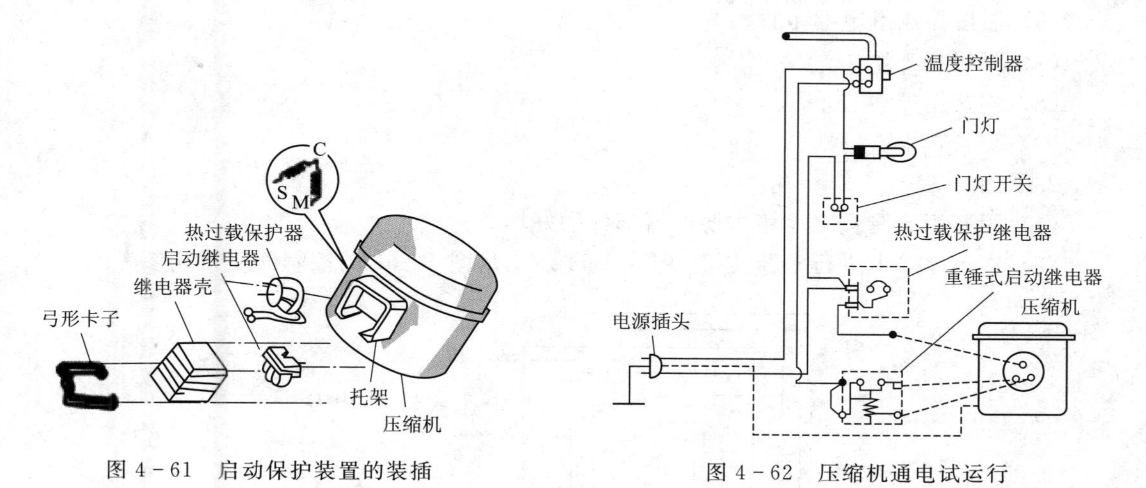

图 4－61　启动保护装置的装插

图 4－62　压缩机通电试运行

【实践 2】　电冰箱控制线路（一）的操作。

任务内容：用万用表测量电冰箱所有电器部件，根据图 4－63 所示原理在电冰箱上进行电器装接和试运行。

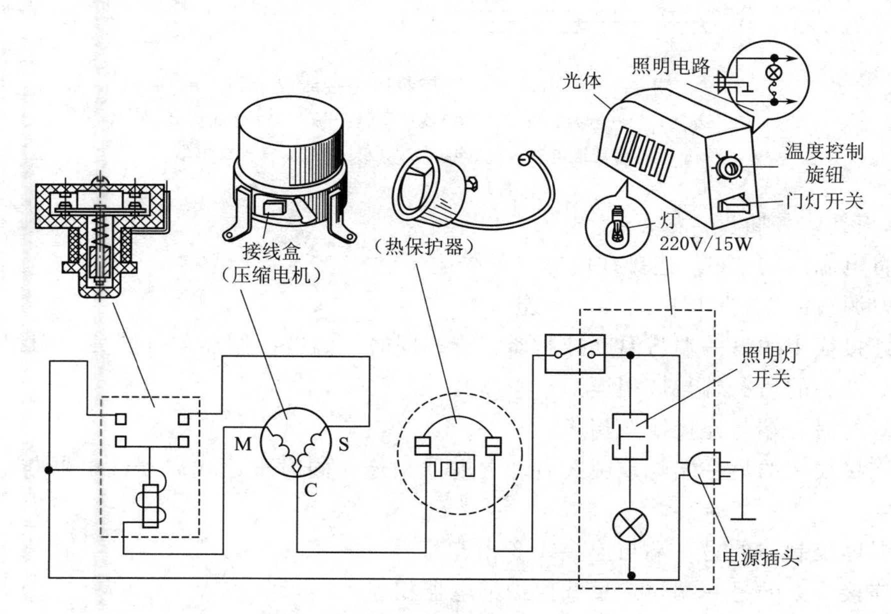

图 4－63　单门直冷式电冰箱控制电路

1. 所需设备

（1）电冰箱 1 台。

（2）重锤式启动继电器 1 只。

（3）热过载保护继电器 1 只。

(4) 压缩机1台。

(5) 灯与灯开关1套。

(6) 温度控制继电器1只。

(7) 万用表1块。

(8) 连接用导线若干。

(9) 套管若干。

2. 操作步骤

(1) 用万用表测量电冰箱主要电器部件的好坏。

(2) 在电冰箱上进行电器装接。图4-64所示是图4-63的控制回路接线参考图。

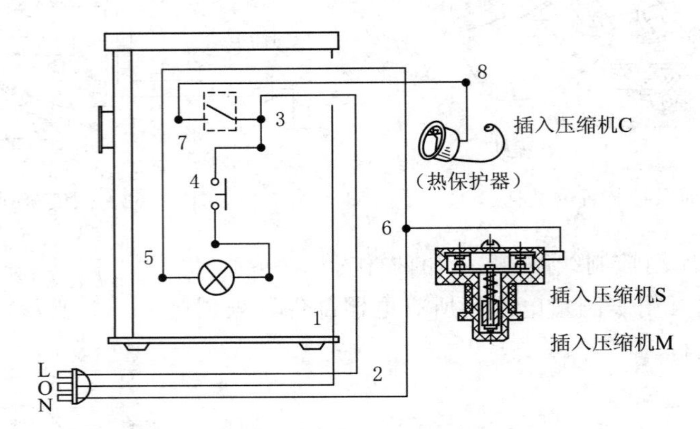

图4-64 电冰箱电气控制回路接线参考图

1—外壳；2—连接线1；3—温控器；4—灯开关；5—连接线2；6—重锤式启动继电器；7—连接线3；8—热过载保护继电器

电冰箱具体装插步骤如下：

1) 将电源线的"O"连接在电冰箱的外壳上。

2) 电源线的"L"与连接线1相连。

3) 连接线1的另一端与温度控制器相连；同时，温度控制器与灯开关一端相连。

4) 灯开关的另一端与灯相连。

5) 灯的另一端与连接线2相连。

6) 连接线2的另一端与重锤式启动继电器相连；同时重锤式启动继电器与电源线的"N"连接。

7) 温度控制器的另一端与连接线3相连。

8) 连接线3的另一端与热过载保护继电器相连。

9) 将热过载保护继电器插入压缩机的"C"。

10) 将重锤式启动继电器的"S""M"插口，分别插到压缩机相应的"S""M"端子上。

11) 检查装插情况。

(3) 教师复核无误后进行通电。

项目五　电冰箱故障检测维修

本项目将重点介绍电冰箱的故障检修。

任务一　电冰箱制冷系统故障检测维修

学习目标：

1. 熟悉电冰箱故障检查方法，能对基本故障进行判断和处理。
2. 掌握电冰箱维修技巧。

一、冰箱制冷系统故障检修工序

1. 电冰箱制冷系统的检漏

冰箱制冷剂充注量少，一台普通 R600a 冰箱只有几十克制冷剂，因此对制冷系统密封性的要求很高，所有管路接头都采用焊接或胶粘接方式连接，维修时检漏过程要求严格。主要检漏方法有以下 4 种。

(1) 油污检漏。由于制冷剂中夹带有冷冻油，如果有泄漏，在泄漏处会留下油污。泄漏严重的可以用肉眼看到，泄漏不明显的可以用洁白的棉花或白纸按住可能泄漏部位，过一会儿观察棉花或白纸上是否有油污，如有则说明该部位泄漏。检漏重点部位为各个焊缝。

(2) 压力检漏。割断压缩机工艺管封口，在工艺管上焊接一根针阀，并使其与修理阀(即压力表）连接，如图 5－1 所示。

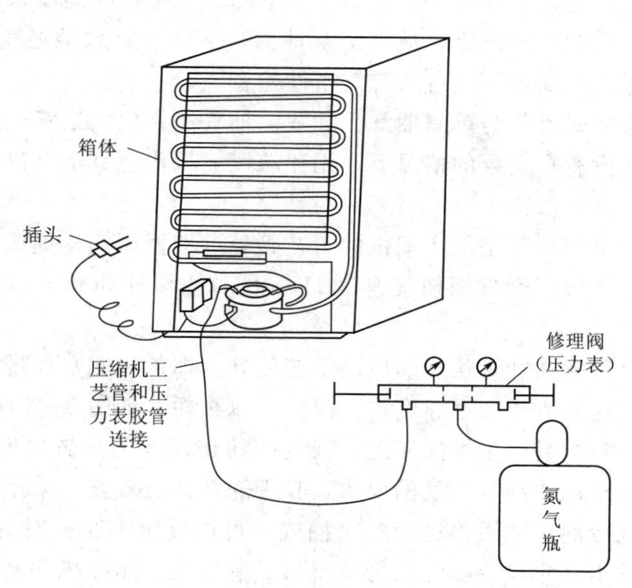

图 5－1　电冰箱检漏操作示意图

在修理阀接氮气瓶，开修理阀与钢瓶阀，并调整钢瓶减压阀至1.2～1.5MPa，压力平衡后关钢瓶阀和修理阀。用毛笔蘸肥皂水或洗洁精涂抹检漏部位，观察是否有气泡冒出，若有说明该部位有渗漏。这时应放气，旋下工艺管与修理阀的连接螺母，然后进行补漏。再按上述操作重新检漏，直至所有检漏部位都没有冒出气泡为止。

肥皂水检漏合格后还要进行压力检漏，即向制冷系统充灌氮气1.2～1.5MPa，关修理阀与钢瓶阀，放置10h以上，观察修理阀真空压力表压力，如果压力不变或略有降低（降低值不超过检漏压力的3%），则压力检漏合格，反之应重新进行检漏、补漏。

注意事项：

1）压力检漏时如果没有氮气，也可用干燥的压缩空气，还可另备一台电冰箱压缩机，使其排气管与修理阀相接，进行打压检漏。如果上述条件都不具备，也可用制冷剂钢瓶内的制冷剂充气检漏，但很浪费，且检漏压力小，如用R12只有0.8MPa左右，另外，其压力随温度变化，波动也很大。

2）压力检漏是一种比较彻底的检漏方法，电冰箱制冷系统更换部件、补漏以后，通常要进行压力检漏。压力检漏还常用于单个部件（压缩机、冷凝器、蒸发器）的检漏。

（3）浸水检漏。浸水检漏适用于能拆卸下来的制冷部件进行单独检漏。先向被检部件内充入1.0MPa左右压力的氮气，然后将部件浸入水中，观察1min左右，无任何气泡出现为合格。

（4）电子检漏仪和卤素检漏灯检漏。这两种设备在一般维修部比较少用，在冰箱生产厂应用较多。

2. 电冰箱制冷系统的抽真空

电冰箱在充注制冷剂前，必须严格地进行抽真空处理。抽真空的目的有两个：一是排除制冷系统中的不凝性气体（如氮气等），不凝性气体可使冷凝压力、温度和排气温度升高，压缩机功耗增加，恶化制冷条件，使制冷量下降；二是排除制冷系统中的水分，抽空时由于压力降低使残留的水分汽化，被真空泵抽出，从而可有效地避免“冰堵”的发生。另外，利用抽空、保真空度还可进行系统气密性检查。

根据抽真空接管形式可分为单侧抽气法和双侧抽气法；根据抽气次数可分为一次抽气法和二次抽气法。在没有真空泵的情况下，用冰箱压缩机代替真空泵也可以达到抽真空的目的。

（1）单侧抽气。单侧抽气是从压缩机的工艺管处（即低压侧）抽气。由于毛细管的阻力，这种方法抽空速度慢。通常用抽气速率1L/s的真空泵抽30min以上即可，水分越多抽真空时间要求越长。

（2）双侧抽气。双侧抽气是从压缩机的工艺管处（即低压侧）和过滤器工艺管处（即高压侧）同时抽气。这种方法抽空速度快，时间可以稍短，如图5-2所示。

（3）二次抽气。对于真空泵性能较差，或电冰箱出现泄漏放置时间较长的制冷系统，往往采用一次抽气法难以达到真空度的要求，且干燥效果也较差。采用二次抽空法就是在一次抽空后，加入制冷剂，然后再进行二次抽气，可以反复多次。对含水分过多的系统，还可在抽真空的同时用电吹风或喷灯烘烤冷凝器、蒸发器、压缩机和高低压管道，加速水分的蒸发，烘烤到50～60℃即可。

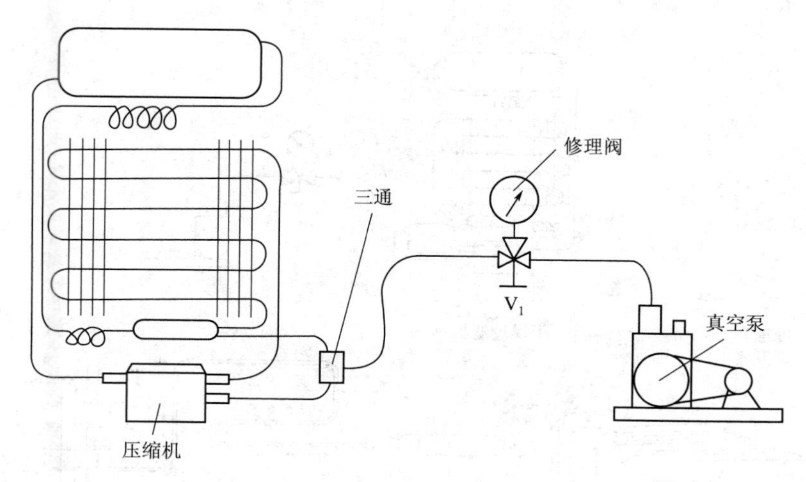

图 5－2 双侧抽气法接管形式

3. 电冰箱充注制冷剂

（1）充注制冷剂的方法。充注制冷剂有两种方法：一种是制冷剂钢瓶直立，制冷剂以气态充入制冷系统，其优点是可以防止压缩机在试车时出现液击事故，缺点是充注速度慢，充注时易混入钢瓶中的不凝性气体。另一种是将制冷剂钢瓶倒立，制冷剂以液态充入制冷系统，其优点是充注速度快，液态制冷剂含水量大大低于气态，且可减少水分、不凝性气体注入制冷系统，其缺点是易引起液击。

（2）制冷剂充注量的判断方法。

1）称重法。即根据电冰箱铭牌上的制冷剂名称和充注量用秤称重的办法控制充注量，由于电冰箱充注量小宜用电子秤称重，也可以用量桶计算质量。

2）参数法。判断制冷剂充注量的参数有如下几种。

a. 低压压力。即从低压压力来判断充注量是否合适。目前冰箱三星级居多，冷冻室温度要达到－18℃，蒸发温度就要再低 5℃左右即－23℃左右才能实现，表 5－1 列出了常见冰箱制冷剂在饱和温度－23℃时对应的饱和压力，这个压力就是夏季电冰箱运行稳定后大致对应的低压压力。

表 5－1 常见冰箱制冷剂在饱和温度－23℃时对应的饱和压力（表压）

饱和温度	R134a 饱和压力	R600a 饱和压力	R12 饱和压力
－23℃	0.16bar	－0.36bar	0.34bar

值得注意的是，R600a 冰箱低压压力是负压，R134a 冰箱与 R12 冰箱的低压压力相差不大。实际上冰箱的低压压力与环境温度有关：冬季气温低，低压压力稍低；夏季气温高，低压压力略高。

b. 温度。夏季冰箱运行稳定后，回气管应有冰凉感，可出现凝露，不可出现结霜；压缩机排气管温度高，烫手；冷凝器尾端和过滤器应接近环境温度或略高；蒸发器进口和出口温度基本一致，蒸发器从进口到出口应布满霜，且结霜均匀。电冰箱制冷系统的温度如图 5-3 所示。

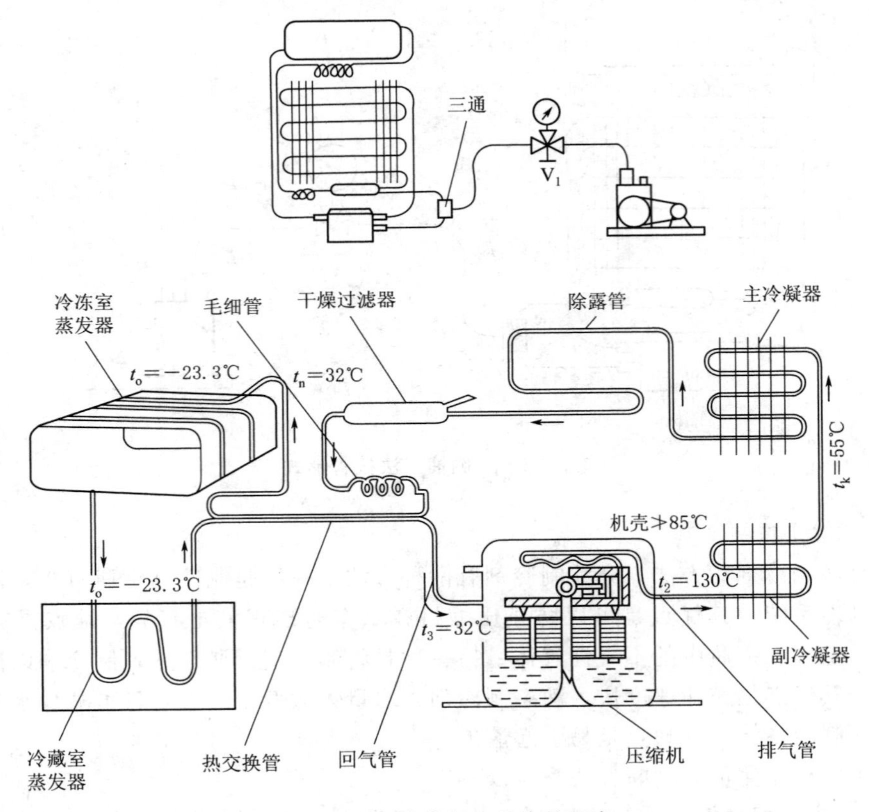

图 5-3 电冰箱制冷系统的温度

c. 电流。即压缩机运转电流接近铭牌标注的额定电流。

(3) 封工艺管。充注制冷剂后，用专用封口钳将工艺管夹扁，必要时应夹扁两处以上，以确保制冷剂不会从工艺管漏出，再用钳子切断工艺管，并将工艺管口处制冷剂吹尽，后钎焊封死。封工艺管应尽量在压缩机运转状态下进行，此时低压压力低，容易封离。

4. 电冰箱的检测

冰箱制冷系统经过维修后，都应该进行检测工序，主要检测制冷时的冷却速度，即符合"在环境温度为 32℃时，压缩机连续运转，当冷藏室温度达到或低于 5℃，冷冻室温度达到或低于－18℃时，压缩机运转时间不超过 3h。此时箱内不放物品，风冷式电冰箱风门温度控制器调定在最大位置。"

实际检测时环境温度若高于 32℃，压缩机运转时间允许稍超过 3h；当实际检测时环境温度低于 32℃时，压缩机运转时间不允许超过 3h。否则为不合格。

5. 电冰箱制冷系统的管路清洗

压缩机电动机绝缘击穿、绕组匝间短路和烧毁是电冰箱的常见故障。电动机烧毁后会产生大量的酸性物质，使制冷系统遭到污染。当污染严重时，除更换压缩机和干燥过滤器外，还需对制冷系统进行清洗。如果仅更换压缩机和干燥过滤器，酸性物质逐渐腐蚀，使用一段时间后又会使电动机遭到损坏。

制冷系统污染的程度不同，其清洗方法也不相同。因此，在清洗前首先应判断污染程度。当制冷系统轻度污染时，打开压缩机工艺管无焦油气味，倒出的润滑油比较清洁，其颜色无明显变化，用石蕊试纸浸入润滑油后，试纸的颜色呈柠檬黄色。当制冷系统严重污染时，润滑油有焦油味，其颜色呈深棕色且混浊，用石蕊试纸检验时，试纸的颜色将变成淡红色或红色。

（1）严重污染的清洗。清洗严重污染的制冷系统时，首先应切开压缩机的工艺管，排完制冷剂，并拆下压缩机和干燥过滤器。然后参照图 5-4 所示的接法，用四氯化碳作为清洗剂，以制冷剂或氮气进行吹洗。由于毛细管的阻流作用，清洗剂的流量很小，不易将污染物清洗干净，因此需要反复进行清洗。在最后一次用氮气吹洗时，应将清洗剂吹洗干净，再进行抽真空和其他工序。

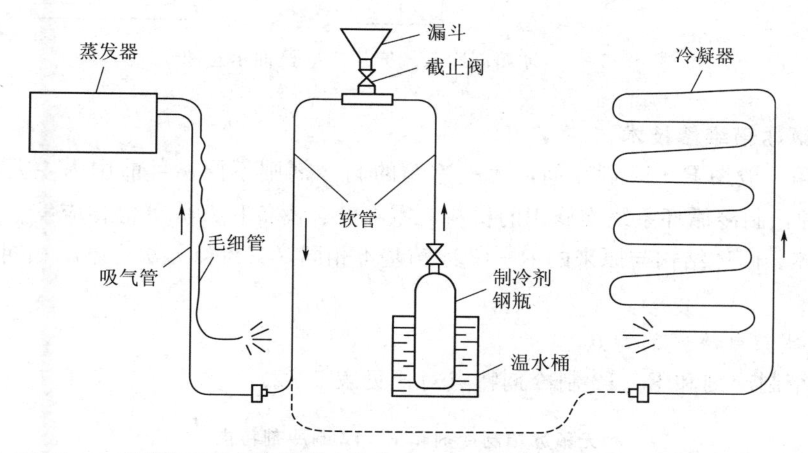

图 5-4　冷凝器和蒸发器分别清洗的方法示意图

（2）轻度污染的清洗。清洗轻度污染的制冷系统时，可在拆去压缩机和干燥过滤器后，按图 5-4 所示的方法不加清洗剂，直接用制冷剂或氮气对冷凝器和蒸发器吹洗 30s 以上。

制冷系统清洗后不宜久放，应及时将更换的新压缩机和干燥过滤器组装好。

6. 电冰箱制冷系统充冷冻机油

制冷系统正常工作情况下，不需补充冷冻油。只有当制冷系统经常产生泄漏，引起冷冻油严重减少，或拆开压缩机修理后，才需对压缩机充注冷冻油。

充注冷冻油有以下两种方法。

（1）自身吸油法。此法仅适用于往复式压缩机，将往复式压缩机的低压管接一皮管，另一端浸入冷冻油中。封闭工艺管，开启压缩机，冷冻油就会被吸入压缩机。

（2）真空吸油法。

1）往复式压缩机的真空吸油。按图 5-5 连接，先关闭双联压力表 B 阀门，打开A 阀门，对制冷系统抽真空。抽完真空后，关闭 A 阀门，缓慢打开 B 阀门，这时冷冻油即被吸入压缩机。

2）旋转式压缩机的真空吸油。与往复式压缩机的真空吸油不同的是，双联压力表与压缩机高压管相连，其余都相同。

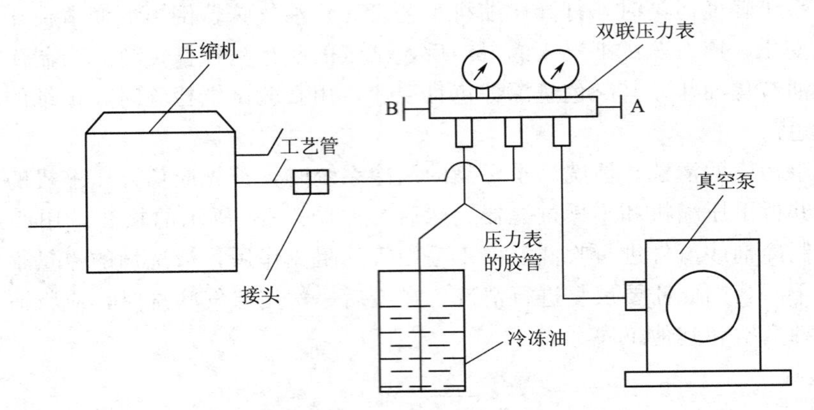

图 5－5 冰箱制冷系统充注冷冻机油示意图

二、无氟冰箱维修技术

传统冰箱一般用 R－12 制冷剂，无氟冰箱的制冷剂则不同，目前国内主要用R－600a、R－134a 两种，制冷循环系统维修用的材料、零部件、设备和方法等也相应发生了变化。电器系统和箱体、门体结构与原来的 R－12 冰箱基本相同，其维修方法也基本相同，这里不再述及。

1. 无氟冰箱制冷剂的特点

无氟冰箱制冷剂和 R－12 制冷剂特点对比见表 5－2。

表 5－2 无氟冰箱制冷剂和 R－12 制冷剂特点

制冷剂名称	R－12	R－134a	R－600a（异丁烷）
分子式	CF2CL2	C2H2F4	C4H10
毒性	无	无	无
对臭氧层的破坏	有	无	无
温室效应	有	弱	无
可燃性	无	无	有
润滑油	矿物油	酯类油	矿物油

2. 识别不同制冷剂的冰箱

（1）从电路图铭牌识别。电路图铭牌中的“制冷剂及注入量”栏写明的制冷剂名称及灌注的质量。

（2）从压缩机识别。打开后罩后，压缩机外壳表面注明有压缩机所适用的制冷剂。

（3）厂家设计的关于环保方面的特殊标记和说明书等。

3. R－600a 冰箱制冷系统的维修

（1）维修材料。

1）R－600a 制冷剂。

2）R－600a 专用压缩机。其使用要求如下：

a. 低启动力矩型，禁止加启动电容。

b. 多用内藏式保护器，即保护器在压缩机机壳内。

c. 每次停机后，应保证压缩机停机 5min 后再启动，以免压缩机堵转。

d. 禁止未装 PTC 启动器就启动压缩机。

e. 最低启动电压应大于 187V。

（2）维修设备。

1）制冷剂瓶。在维修部，R－600a 可储存于小罐或小瓶，但罐、瓶和制冷剂总质量不应超过 15kg，以免超过电子秤的量程。

2）台式电子秤（最大量程 15kg，精度±0.5g）。

3）真空泵、压力表、胶管和 R－12 的相同，但最好专用。

（3）安全要求。维修场地配备消防器材；通风良好；严禁吸烟；维修人员要经过安全知识培训。

（4）操作方法。

1）制冷剂排放。首先割断压缩机上的工艺管，放出 R－600a 制冷剂，再从工艺管向制冷系统内充高压氮气约 1min 后放出，这样可将系统内残留的制冷剂排出。

2）检漏。方法同 R－12。

3）抽真空充制冷剂。按图 5－6 连接压缩机工艺管、制冷剂瓶、压力表、真空泵，制冷剂瓶放在电子秤上面。

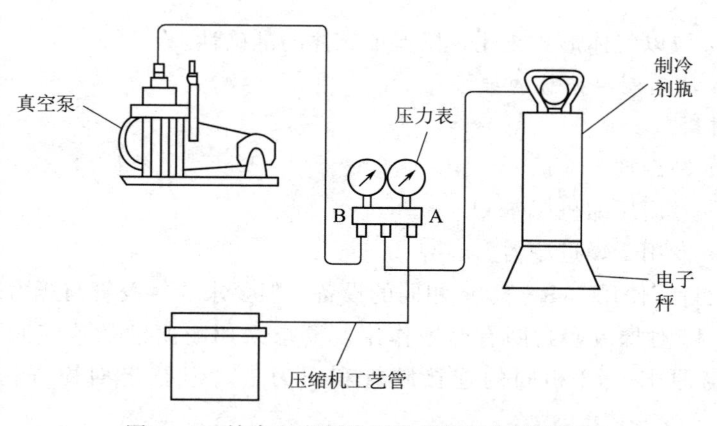

图 5－6　抽真空充制冷剂的维修设备连接图

具体操作过程如下：

a. 锁紧 R－600a 制冷剂瓶阀，打开阀 A 和阀 B，开动真空泵，抽真空 30min 以上后，再关闭阀 A 和阀 B。

b. 打开 R－600a 气瓶阀。待气体充满气瓶和压力表之间的连接管后，接通电子秤电源，将电子秤调零，然后缓慢打开阀A（注意开阀时，尽量不要干扰电子秤），当加注速度变得相当慢而电子秤显示值又未达到冰箱所需要的灌注量时，让压缩机通电运行，当达到所需要的灌注量时，迅速关闭A，再关闭R-600a气瓶阀。

4）工艺管焊接。经过试运行，确认制冷性能合格后，可进行工艺管焊接。

a. 用封口钳在离压缩机40mm处将工艺管夹封，用钳子在离封口钳30mm处剪断工艺管（工艺管在加制冷剂前应退火，以便于容易夹紧）。

b. 用氮气吹除封口处残留的制冷剂。

c. 焊封工艺管。

d. 取下封口钳。

e. 封口的检漏：在停机状态下进行。

（5）注意事项。

1）使用R-600a作制冷剂的冰箱，必须使用R-600a专用压缩机。

2）原则上不允许在维修R-12冰箱时，加注R-600a制冷剂，如果确需更换，应对制冷管道进行严格清洗，并更换干燥过滤器和使用R-600a专用压缩机。反之亦然。

3）禁止在循环系统内的R-600a制冷剂未排放或未用氮气冲洗前，就直接用真空泵抽真空，否则会因现用真空泵不是防爆型，而存在爆炸隐患。

4）充注制冷剂的胶管和压力表最好为R-600a专用，否则在加注前应用氮气清洗，以免胶管和压力表内残留有R-12影响制冷性能。

5）由于R-600a的充注量相对于R-12要少得多，因而要求循环系统的充注精度较高，用经验法充注不利于系统处于较好的工作状态，由于R-600a的可燃性，要求一次充成功，不宜多次充注，从这两个方面来看，建议维修时用电子秤称重的方法进行精确充注。

6）R-600a应以气体形式充注，以保证充注的准确性。

4. R-134a冰箱制冷系统的维修

（1）维修材料。

1）R-134a制冷剂。

2）R-134a专用压缩机。

3）R-134a专用干燥过滤器。

（2）维修设备。使用与R-600a相同的设备，但要求连接胶管与压力表等为R-134a专用，因R-134a对橡胶密封圈有腐蚀作用，要求采用耐腐蚀的连接胶管和密封圈等，如无，可使用与原R-12相同的连接胶管和压力表，但要定期检查密封性能，定期更换。

（3）维修方法。只讨论因毛细管“冰堵”、毛细管“脏堵”、制冷剂泄漏、压缩机故障、制冷不良等需重新加制冷剂的维修方法。其维修方法同R-12冰箱。因R-134a不可燃，没有R-600a冰箱维修时那么严格的安全要求，但R-134a制冷剂及其压缩机中所用的酯类油吸水性较强，且酯类油易水解，因此要求循环系统中的含水量、含杂质量少。真空度要求高，抽真空时间长。

（4）注意事项。

1）使用R－134a作制冷剂的冰箱，必须使用R－134a专用压缩机和干燥过滤器。

2）不允许在维修R－12冰箱时，加注R－134a制冷剂，反之亦然。

3）由于R－134a制冷系统内使用酯类油，在扩管、胀管时管口不应粘有矿物油或其他机械加工油等。

4）由于压缩机中的酯类油易吸水和系统中含水量要少的要求，R－134a专用压缩机和干燥过滤器的封塞应在焊接时才拔掉，拔掉封塞后应在最短时间内完成焊接工作、减少其与空气接触时间。

5）充灌制冷剂的胶管和压力表最好为R－134a专用。否则加注前应用氮气清洗，以免胶管和压力表内残留R－12，影响制冷性能和循环系统的可靠性。

5．R－600a冰箱维修安全操作规程

（1）场地存有R－600a冰箱、制冷剂，每天进行操作前必预先把通风设备启动运行，约10min后，才可开灯及进场操作。严禁未开通风前接通场地电源及动火。

（2）进场后必须先检查R－600a制冷剂存放有无泄漏。

（3）维修冰箱应先检查确认是何种冰箱（铭牌、标志、压缩机），未能确认是何种冰箱（R－600a、R－12、R－134a）的，一律按R－600a冰箱安全操作规程处理。

（4）不论何种冰箱，制冷剂未排清前一律不得动火烧烤管道。

（5）对于检查确认为制冷管道系统故障或压缩机故障，必须先把故障冰箱拉至排放室（或室外空旷地），用割刀割断管道，静置1h，排放制冷剂。

（6）静置后拉至维修工位，用快速接头接上氮气吹清管道残余制冷剂，或开动压缩机自排1～3min。

（7）如需更换压缩机，必须用割刀割断吸气管和排气管，不宜直接通过烧焊截断，因压缩机油内溶有残余的R－600a制冷剂。

（8）焊接前先用风扇吹压缩机腔，避免局部制冷剂积聚引起事故，焊接时应有风扇在旁吹。

（9）封尾管时，必须先用封口钳夹一道，检查尾管不漏后再封。

（10）检查发现有堵塞现象时，不可用火焊切，应用割刀割断，清空制冷剂后再进行其他操作。

（11）更换下来的压缩机，必须把里面的冷冻油倒清，再行存放及运输。

（12）制冷剂瓶、冰箱必须定点存放，存放的地方按R－600a仓库设计规范建造。

三、电冰箱常见故障现象及其原因

1．电冰箱堵（“冰堵”“脏堵”）故障现象及故障原因

电冰箱的堵故障，一般发生在毛细管、干燥过滤器两个部位。

（1）冰堵。

故障现象：电冰箱处于工作状态，开始蒸发器结霜正常，能听到制冷剂循环流动声，一段时间后，听不到制冷剂循环流动声，霜层融化，冷凝器不热。直至蒸发器温度回升到0℃以上，电冰箱恢复正常制冷状态。反之又会发生故障，从而形成周期变化的现象。

故障原因：①对系统抽真空不良；②制冷剂不纯，含有水分或空气等。

（2）脏堵。

故障现象：冰箱处于工作状态，但蒸发器内无制冷剂的流动声，不结霜，冷凝器也不热。

故障原因：①装配过程不严格，零件清洗不彻底，使外界杂质进入系统；②制冷系统内存在水分、空气和酸性物质，产生化学反应而生产杂质；③冷冻油（压缩机润滑油）或制冷剂质量不符合标准。

2. 电冰箱制冷剂泄漏故障现象及故障原因

电冰箱的制冷剂泄漏，一般发生在管道与管道的连接处、管道与制冷部件（如蒸发器、冷凝器、干燥过滤器或毛细管）的连接处等部位。

故障现象：①严重泄漏：电冰箱不制冷，蒸发器不结霜，耳朵贴近蒸发器听不到制冷剂的流动声，冷凝器不热，压缩机排气管不热；②轻微泄漏：电冰箱虽能制冷，但制冷程度达不到要求，压缩机长时间运转不停，蒸发器结霜不全，冷凝器微热。

故障原因：①焊接质量差（虚焊）；②搬运过程中，不慎损伤；③铝蒸发器被腐蚀，有小气孔。

任务二 电冰箱常见故障判断与排除

学习目标：

1. 熟悉电冰箱常见故障判断与排除。
2. 掌握电冰箱检修流程。

一、常见故障与排除

1. 压缩机不运转，电冰箱不制冷

（1）主要原因。

1）电源故障。

2）温度控制器故障。

3）电动机运行绕组烧损。

4）电动机绕组引线松、脱。

5）过电流过温升保护继电器损坏。

6）启动继电器损坏。

7）风冷式电冰箱化霜定时器故障。

（2）故障的排除。

1）当供电线路熔丝熔断、插座接线松脱或插头插座接触不良时，应找出具体故障点并加以排除。

2）温度控制器触点烧坏、接触不良、氧化膜过厚或感温剂泄漏时，可拆下温度控制器，修复触点或感温囊后装入使用，无法修复时应更换新品。

3）电动机绕组烧损，可开壳拆下绕组后重新嵌线或更换压缩机。

4）电动机绕组引出线与机壳接线柱松动时，可在压缩机开壳后，重新将引出线接入接线柱。

5）碟形过电流过温升保护继电器的双金属片触点不能复位、内部电热元件熔断时，可修复触点或更换新的保护继电器；内埋式热保护器损坏后可更换压缩机。

6）启动继电器触点接触不良或线圈烧损时，可修复触点、重绕线圈或更换新的启动继电器。

7）化霜定时器触点接触不良、接线松脱、机械传动失灵或电动机烧损时，可修复触点、重新接通连线或更换新的化霜定时器。

2. 电源接通后，压缩机电动机发出“嗡嗡”声，保护继电器随即动作

（1）主要原因。

1）电源电压过低。

2）电动机启动绕组断路。

3）启动继电器触点接触不良或电路中启动支路断路。

4）启动电容器断路或短路。

5）PTC 元件损坏或接触不良。

6）压缩机抱轴、卡缸。

（2）故障的排除。

1）电源电压正常时再使用或加装交流稳压器。

2）压缩机开壳后修复绕组继续使用或更换新的压缩机。

3）修复启动继电器的触点或更换启动继电器；启动支路断路时，应找出断点并将其接通。

4）更换启动电容器。

5）更换 PTC 元件（热敏电阻），或调整 PTC 启动继电器两接触面使其夹紧 PTC 元件。

6）采用敲击、强行启动无效时，可开壳修理或更换新压缩机。

3. 压缩机能启动运转，但不久过电流保护继电器动作

（1）主要原因。

1）电源电压过高。

2）运行绕组局部短路。

3）压缩机电动机定子和转子间隙不均匀。

4）压缩机中运动部件的运动副装配间隙过小。

5）启动继电器触点粘连。

6）制冷系统内含有空气。

（2）故障的排除。

1）电源电压过高时，应暂停使用或加装稳压源。

2）运行绕组局部短路使阻值减小时，可重新绕制电动机绕组或更换新的压缩机。

3）定子和转子间的间隙不均匀造成工作电流过大时，可在压缩机开壳后调整定、转子间的间隙或更换压缩机。

4）压缩机中运动部件的运动副装配间隙过小时，会使压缩机出现“热态抱轴”现象，应更换压缩机。

5）启动继电器触点粘连后，可将其拆开并加以修复。损坏严重时，应更换新品。

6）制冷系统内含有空气使排气压力增高，工作电流增大时，应排出制冷剂重新抽真空后再充注制冷剂。

4. 压缩机运转，但电冰箱不制冷

（1）主要原因。

1）制冷剂泄漏。

2）冰堵。

3）脏堵。

4）压缩机故障。

（2）故障的排除。

1）系统中存在漏点使制冷剂泄漏时，应通过打压检漏找出漏点，并在补漏后重新抽真空和充注制冷剂。

2）制冷系统中的水分在毛细管或干燥过滤器中结冰造成堵塞后，必须更换干燥过滤器，并在制冷系统抽空干燥后重新充注制冷剂。

3）干燥过滤器或毛细管被污物堵塞后，可用高压氮气吹洗或更换干燥过滤器、毛细管。

4）压缩机的吸排气阀、汽缸盖垫、汽缸坐垫破裂或高压缓冲管断裂后，可开壳拆解后分别加以修复或更换新压缩机。

5. 压缩机运转，但箱内温度降不到使用要求

（1）主要原因。

1）制冷系统微堵。

2）制冷剂不足或充注过多。

3）制冷系统内有空气。

4）蒸发器内存油过多。

5）外露式冷凝器表面积尘过多。

6）压缩机性能下降。

7）自动化霜电路失灵。

8）风冷式电冰箱箱内风扇不正常。

9）风冷式电冰箱循环风道被积霜堵住。

10）使用不当。

（2）故障的排除。

1）制冷系统中毛细管或干燥过滤器被微堵后，可用高压氮气吹洗并加热活化或更换干燥过滤器。

2）制冷剂不足时，可适量补充制冷剂；制冷剂过多时，可排出部分制冷剂。

3）当制冷系统中有空气时，应放出制冷剂并在抽空处理后，重新充注制冷剂。

4）蒸发器内存油时，应首先查明压缩机排油过多的原因，排除压缩机排油过多故障后再吹洗蒸发器。

5）清扫冷凝器。

6）压缩机开壳后，清除阀片上的积炭和污垢，并研磨阀片和阀板。也可以更换经研磨的新阀片或更换新压缩机。

7）修理或更换化霜定时器、化霜温度控制器、化霜温度熔丝或化霜加热器。

8）检修风扇开关、风扇电动机。若风扇口积霜过厚卡住扇叶则应清除霜层并处理霜层过厚故障。

9）使冰箱停止工作，打开箱门等霜层融化后排出积水，查明原因并处理风道积霜故障。

10）温度控制器温度设置不当、蒸发器表面结霜过厚、箱门漏气、放入的食品过多过挤或开门次数过多造成箱内温度偏高时，应根据不同的原因分别加以排除。

6. 磁性门封和内胆的检修

（1）磁性门封故障的维修。电冰箱门封不严会引起冰箱降温效率降低，箱内结霜过快，压缩机长时间运转不停的不良后果。

磁性门封不严的主要原因及维修方法如下：

1）门封老化变形，软质聚氯乙烯出现裂纹。出现这一情况，需更换新的门封。先将门封从门上拆下（图5-7），再用60～70℃热水浸泡调平。如尺寸不对，在裁剪时应保留四角，从门封条的中间部位斜面断开，在连接时可将钢锯条烧红插入斜面，然后迅速抽出，用手捏紧，最后用螺钉将门封固定好。

图5-7　拆卸门封条

2）磁性门封本身不平，有凹陷处且出现缝隙。可将固定门封的螺钉压板松开，在门封的凹陷处垫上薄的X光胶片，再将螺钉上紧，如此反复调整直至缝隙消除为止。

有的冰箱门胆和门封是与聚氨酯泡沫塑料粘连成一体的，门封不可单独拆装。若门封破裂、老化时，只能采用换门的方法。

（2）内胆破裂的修补。电冰箱内胆绝大部分用ABS塑料制成。如开裂，可用毛笔蘸取少量丙酮，仔细地涂在破裂处，待其干后即可补牢。如开裂较大，可先用ABS细窄条嵌入缝内，再用丙酮涂粘。

电冰箱HIS塑料内胆开裂时，就不能用丙酮来修补，而要用氯仿。

7. 冷藏室温度过低，但压缩机不停机

（1）主要原因。

1）温度控制器使用不当。

2）温度控制器失灵。

3）温度控制器感温管尾端与蒸发器表面不密贴。

（2）故障的排除。

1）当温度控制器的旋钮置于强冷位造成压缩机不停机时，可将旋钮旋至中间位置。

2）温度控制器的触点粘连或最低极限温度过低时，可拆下温度控制器修复触点或更换新的温度控制器。

3）重新将温度控制器感温管装于原位。

8. 压缩机开停频繁

（1）主要原因。

1）温度控制器的温差范围过小。

2）过电流过温升保护继电器双金属片失灵。

3）冷凝器积尘过多或紧靠墙壁使散热条件变差。

（2）故障的排除。

1）调整温度控制器的温差调节螺钉，将其温差设定为2～3℃或更换新的温度控制器。

2）更换过电流过温升保护继电器。如果保护继电器为内埋式，则可更换压缩机。

3）冷凝器散热条件差，使电动机运行电流过大，引起过载保护继电器动作时，应定期清洗冷凝器，并使电冰箱与墙保持10cm以上的间距。

9. 电冰箱夏季运行良好，但冬季不运行或冷冻室温度过高

（1）主要原因。

1）环境温度过低，温度控制器触点不能接通。

2）冷藏室温度补偿加热丝损坏，或者在冬季使用时未接通节能开关。

（2）故障的排除。

1）将电冰箱移至环境温度较高处。对于冷藏室无温度补偿电加热器的电冰箱，可加装节能开关和加热器。

2）更换温度补偿加热丝，环境温度过低时接通节能开关。

10. 双温双控直冷式电冰箱冷冻室制冷正常，冷藏室不制冷

（1）主要原因。

1）冷藏室温度控制器损坏。

2）进入冷藏室蒸发器的毛细管堵塞。

3）电磁阀损坏。

（2）故障的排除。

1）修复或更换温度控制器。

2）找出堵塞部位及原因，并加以排除（方法同前）。

3）更换电磁阀。

11. 箱体漏电

（1）主要原因。

1）温度控制器、照明灯和门灯开关等受潮后对地绝缘电阻达不到规定的要求。

2）电动机线圈对地绝缘电阻过小。

3）压缩机机壳与电动机接线柱相碰。

4）电路连线的绝缘层破损并与冰箱金属部位相碰。

（2）故障的排除。

1）将温度控制器、照明灯和门灯开关干燥处理后加绝缘层。

2）重绕电动机绕组或更换压缩机。

3）修理压缩机电动机的接线柱。

4）找出电路连线绝缘层破损处并包扎处理。

12. 电冰箱噪声过大

电冰箱噪声过大的主要原因有放置地面不平、地脚螺钉调整不当、压缩机安装螺栓松动、管路相碰、压缩机磨损、冰裂声、毛细管或储液器的插入深度太大、制冷剂流动声大

等。针对噪声过大原因，作相应处理，并对用户做好解释工作。

二、电冰箱常见故障分析原则与检查方法

1. 电冰箱常见故障分析原则

电冰箱常见故障分析要坚持以下原则：结合结构、联系原理、搞清现象、具体分析，即发生故障时，首先应明辨现象，做到先想后动，严禁盲目拆卸。

2. 电冰箱故障检查的基本方法

电冰箱故障的检查方法是："一看、二听、三摸、四测、五分析"。

（1）一看。

1）看制冷系统管路完好的情况，有无管路断裂，接头是否渗漏，如有渗漏，会有油渍出现。看压缩机吸、排气压力是否正常，空调器在 t_k＝30℃时的正常工作压力：吸气压力值为 490～539kPa，排气压力值为 1172～1176kPa。

2）看蒸发器和吸气管挂霜情况和降温速度，如蒸发器结霜过厚，降温速度比正常运转时显著减慢，则属不正常现象。

3）看电路各种电表指示读数是否正常等。

（2）二听。

1）听使用者的介绍，如故障发生的现象等。

2）听压缩机运转时的各种噪声，如全封闭机组出现"嗡嗡"的声音是电动机不能正常启动的过负荷声音；继电器内发出"嗒嗒"的声音是启动时接点不能正常跳开的声音；"嘶嘶"或"嗒嗒"声，是压缩机内高压引出管断裂发出的高压气流或吊簧断裂后发出的声响；开启式压缩机正常运转时，"啪啪"声是压缩机飞轮键槽配合松动后的撞击声或是皮带损坏后的折击声等。

3）听制冷管道的"流水声"，电冰箱在正常工作时往往能听到"嘶、嘶"的流水声。

（3）三摸。

1）摸压缩机运行时的温度，压缩机正常运行时，温度不会上升太多，一般不超过70℃，若运行一段时间后，手摸感觉烫手，则压缩机温升太高。

2）摸冷凝器的温度，其上部温度较高，下部温度较低，说明制冷剂在循环。若冷凝器不发热，则说明制冷剂渗漏了。若冷凝器发热数分钟后又冷下来，说明过滤器、毛细管有堵塞；对于出风机组，可手感冷凝器有无热风吹出，无热风说明不正常。

3）摸过滤器表面的冷热程度，若出现显著低于环境温度的凝露现象，说明其中滤网的大部分网孔已阻塞等。

（4）四测。用万用表测量电流、电压、绝缘电阻、运行电流，用卤素检漏灯或电子检漏仪检查制冷剂有无泄漏。

（5）五分析。经一看、二听、三摸、四测后，进一步分析故障所在和故障的轻重程度，由表及里地来判断其故障的实际位置。

三、电冰箱故障检查和检修流程

检修电冰箱时，首先可从压缩机入手，看压缩机的运转情况，根据压缩机不转、压缩机运转但不停、压缩机频繁保护、压缩机频繁启停等状况来一步一步深入检查，最终确定故障，各类电冰箱故障检查和检修流程如下。

(1) 电冰箱不能启动运行故障的检查流程（如图 5-8 所示）。

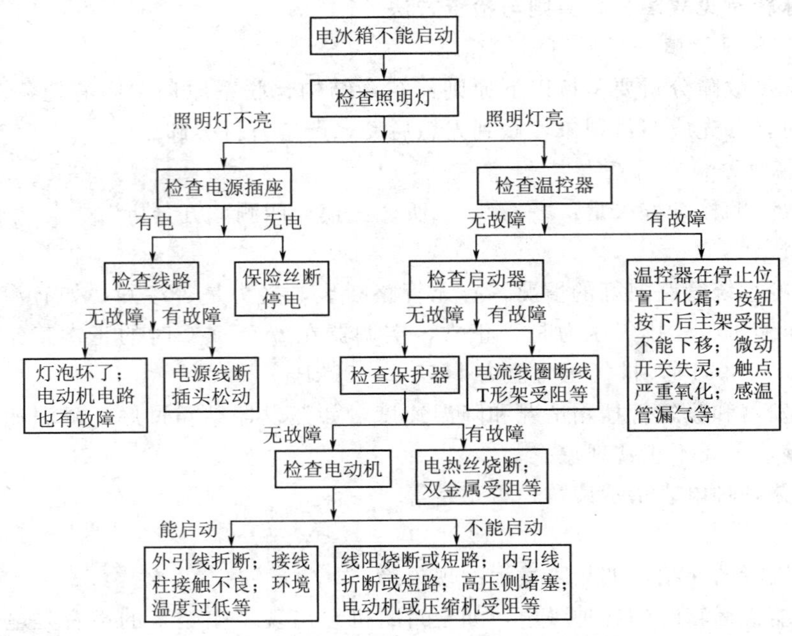

图 5-8 电冰箱不能启动运行故障的检查流程

(2) 电冰箱运行不停故障的检查流程（如图 5-9 所示）。

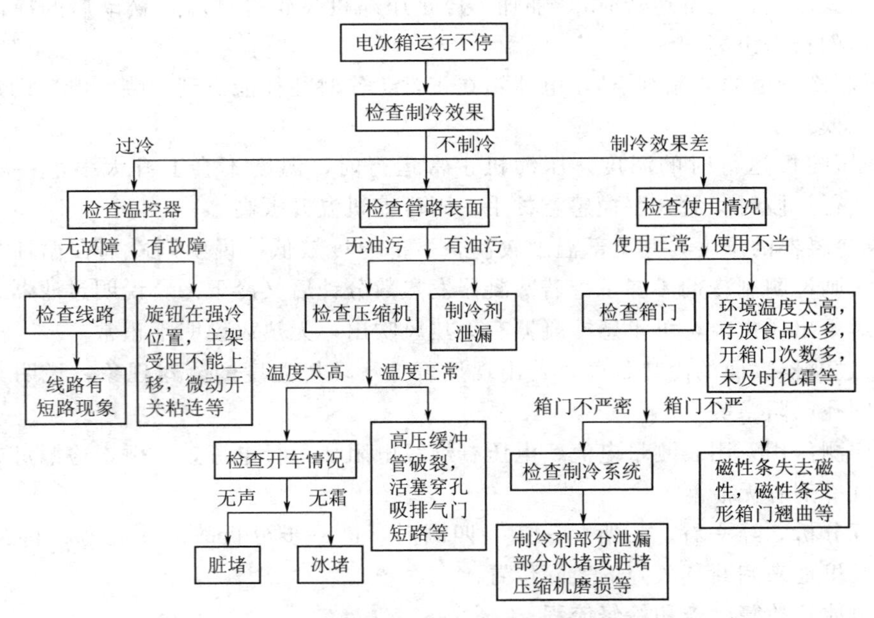

图 5-9 电冰箱运行不停故障的检查流程

(3) 直冷式电冰箱故障的检查流程（如图 5-10 所示）。

(4) 间冷式电冰箱故障的检查流程（如图 5-11 所示）。

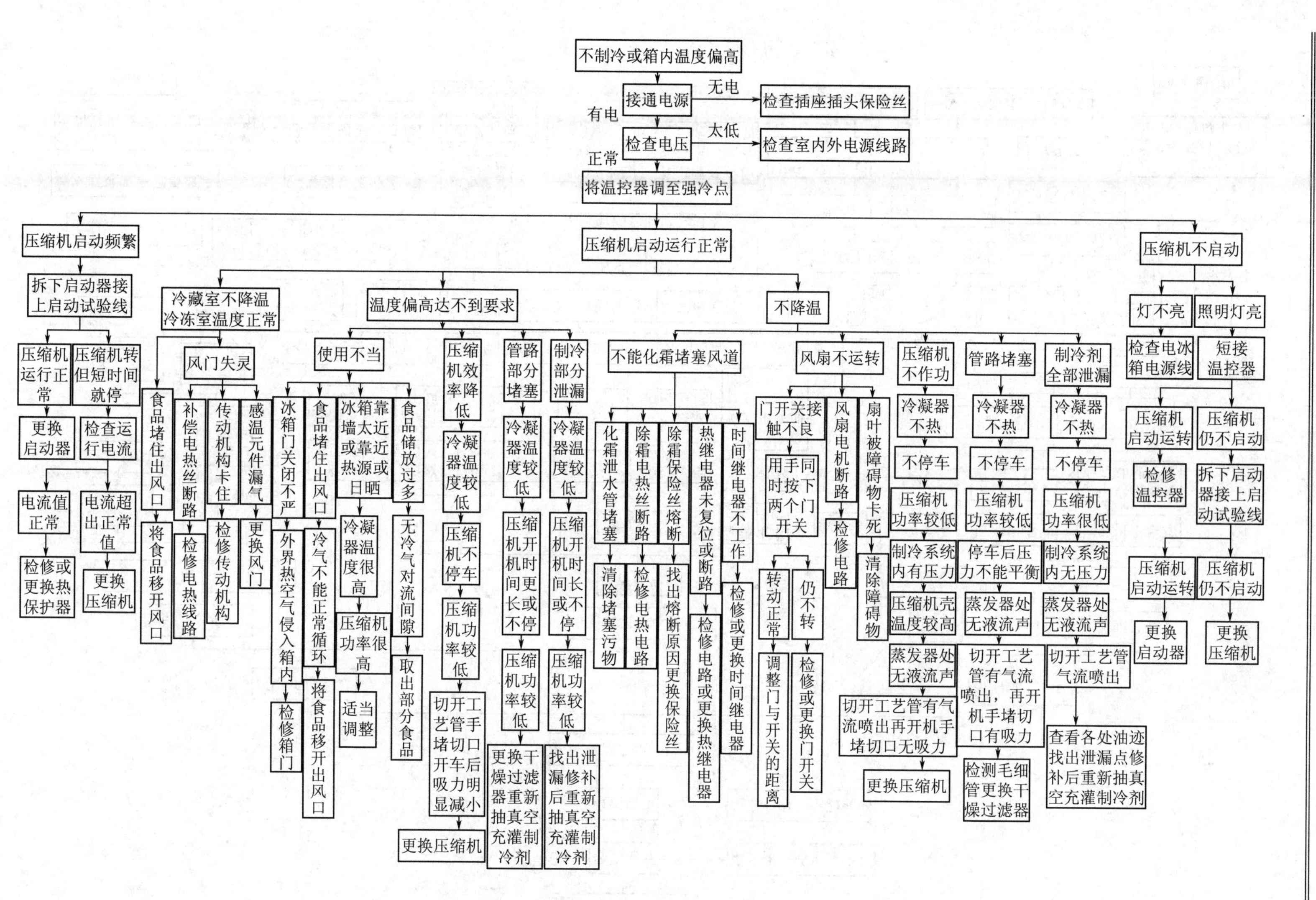

图5-10　直冷式电冰箱故障的检查流程

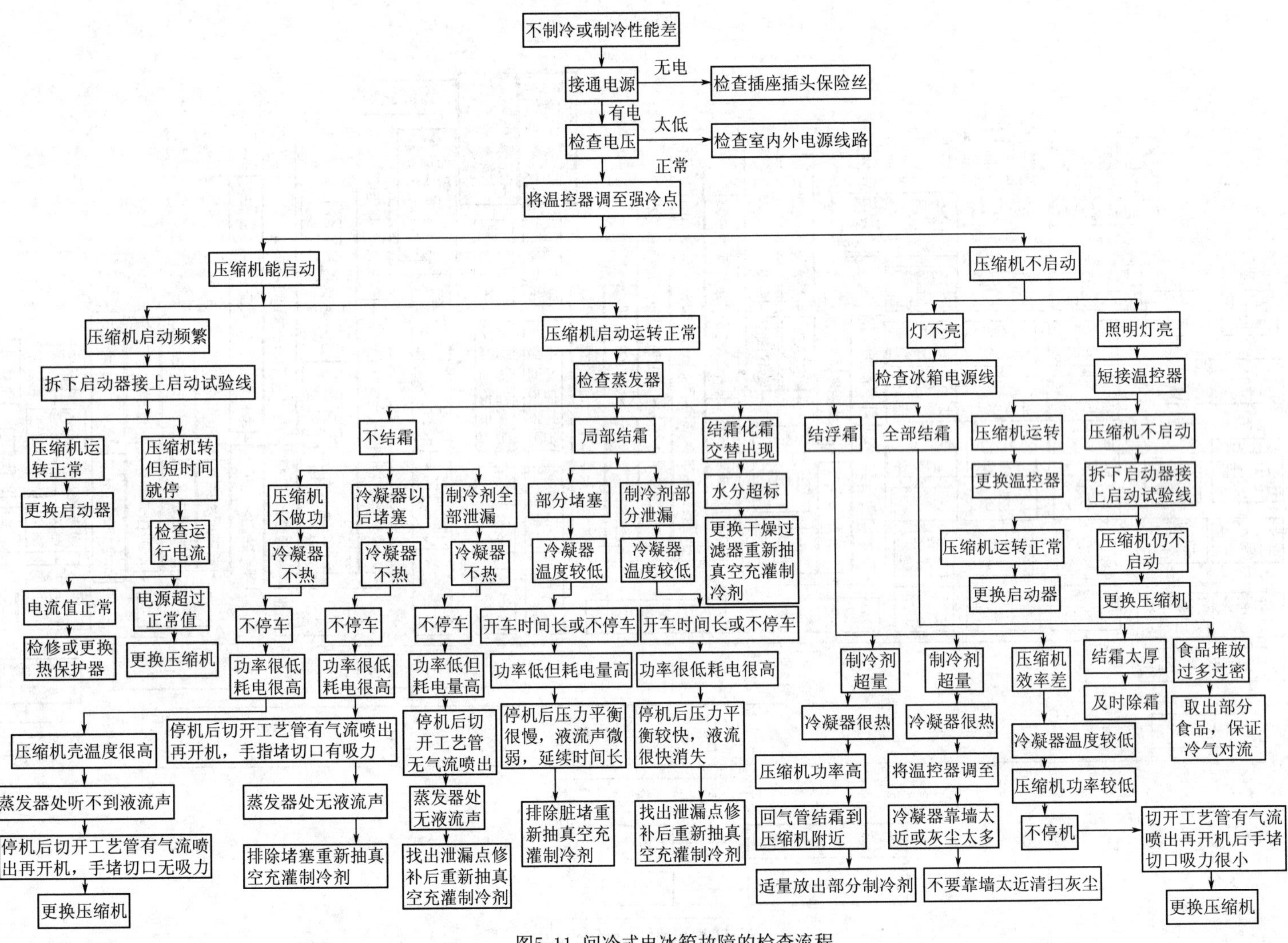

图5-11 间冷式电冰箱故障的检查流程

任务三 典 型 案 例 分 析

学习目标：

1. 熟悉电冰箱典型案例的分析过程。
2. 掌握电冰箱排除故障的方法。

一、电冰箱故障典型案例

（一）电冰箱不启动故障的维修

1. 故障现象

电冰箱不启动。

2. 故障分析

（1）接通电源，打开温度控制器开关。

（2）将万用表调至交流 220V 挡，测量发现压缩机已经通电。

（3）切断电冰箱电源，将万用表调至“$R\times1\Omega$”挡，测量压缩机端子之间的电阻值。发现压缩机启动绕组断路。

（4）压缩机坏，更换压缩机。

3. 维修方法

（1）切断电冰箱电源。

（2）从压缩机的工艺管或干燥过滤器的抽真空管的顶端 15～20mm 处切断，将制冷系统中的制冷剂放出。

（3）待制冷系统中的制冷剂放干净后，将损坏的压缩机的高压（排气）、低压（吸气）连接管连接部位用气焊熔开，松开压缩机底板上的固定螺栓，取下损坏的压缩机。

（4）将装有防振橡胶垫的新压缩机重新固定在电冰箱上。

（5）重新焊接高压（排气）、低压（吸气）管道。

（6）在新压缩机工艺管道上，焊上修理工艺接口。

（7）用软管连接修理表阀、氮气减压阀和氮气钢瓶。

（8）加压至 0.8MPa，检漏。

（9）抽真空，充注制冷剂。

（10）通电运行，调节制冷剂的充注量。

（11）电冰箱正常开、停机 3～4 次后，用封口钳和气焊封口。

（12）电冰箱运行正常，故障消除。

（二）电冰箱内漏故障的维修

1. 故障现象

电冰箱不制冷。

2. 故障分析

（1）接通电源，打开温度控制器开关，电冰箱能够正常运行。

（2）初步判断电冰箱为制冷系统故障。

(3) 用手摸冷凝器和压缩机高压（排气）管道不热。

(4) 用耳朵听系统中没有制冷剂流动声。

(5) 初步判断电冰箱为系统内漏故障。

(6) 切断电冰箱电源。

(7) 10min后，用气焊切开电冰箱工艺管，放出系统中的制冷剂。发现系统中的制冷剂很少（甚至没有），确认电冰箱为系统内漏。

3. 维修方法

(1) 首先在电冰箱背部薄钢板上画好线（一般距离电冰箱边框3cm），然后用切割机沿画线小心切割，取下薄钢板（如背部是外挂式冷凝器，应先焊下冷凝器）。

(2) 沿回气管方向，小心挖出保温材料（注意内部管道和导线），直至内藏管道及接口完全暴露出来可以修理为止。

(3) 用氮气对内部管道系统重新进行打压（0.8MPa）检漏，直至找出漏点，并做好记号，以便维修。

(4) 对漏点部分进行清理，然后用胶粘剂或气焊进行修补。用气焊进行修补时，由于维修空间较小，应在内胆侧用薄铁板作防护，火焰强度不宜过大，速度要快（毛细管可直接更换）。

(5) 修补完成后，应对内藏管道再次用氮气打压进行检漏，并保压24h。

(6) 经保压，确认没有问题后进行发泡修补。发泡修补方法：将电冰箱平放，用适量聚氨酯A、B材料按1∶1的比例倒入桶内，搅拌均匀，迅速倒入已挖掉保温材料的部位，用切下的薄钢板盖上，上方加适当的重物，以保证发泡牢固。

(7) 发泡修补完成后，进行适当修整，并用胶粘剂将取下的薄钢板固定牢固。

(8) 重新连接好电冰箱系统。

(9) 抽真空，充注制冷剂。

(10) 通电运行，调节制冷剂的充注量。

(11) 电冰箱正常开、停机3～4次后，用封口钳和气焊封口。

(12) 电冰箱运行正常，故障消除。

（三）电冰箱使用中突然出现不制冷故障的维修

1. 故障现象

一台使用了3年的双门电冰箱突然出现不制冷故障。通电运行时，电流正常，但冷凝器不热，箱内气流声甚微，箱温降不下来。

2. 故障分析

根据通电后电流值正常而箱温降不下来这一现象，对电冰箱的制冷系统（图5-12）作重点检查，断开了压缩机的工艺管接头，发现排气流正常，但是排气时间偏长，接入转芯三通阀，充入制冷剂运行后，表压力迅速下降且回升缓慢，干燥过滤器和箱门防漏管的外露管段均出凝露现象。

将凝露严重堵塞部位用微型割刀割开两端，选择一个外径适当的紫铜管套入断开的接头上，重新焊接，检漏合格后，充入制冷剂运行。

数分钟后，高压管路发热，证明制冷系统运行正常，堵塞故障已排除。

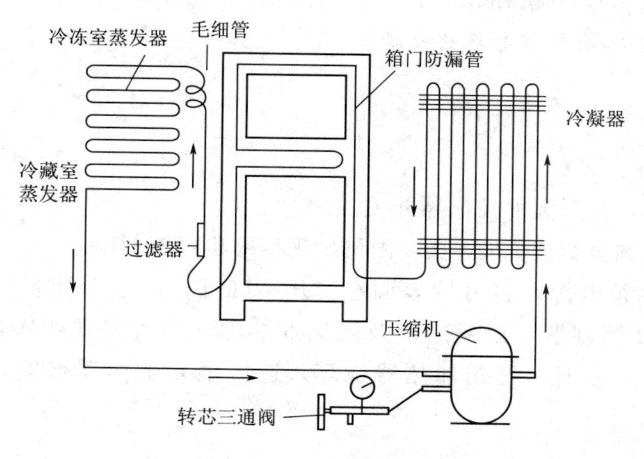

图 5-12 双门电冰箱制冷系统

3. 维修方法

停止压缩机运转后，放掉制冷剂，重新抽真空处理，然后再注入定量的制冷剂，封焊压缩机工艺管接头后，便恢复正常运行。

（四）电冰箱 PTC 元件烧毁故障的维修

1. 故障现象

双门电冰箱，用户反映不制冷，接通电源后，照明灯亮，冷气循环风扇运转正常，但发现压缩机有轻微振动，且有"嗡嗡"声，不到 10s 便听到热保护器断开，压缩机停止工作，用手摸热保护器烫手，过几分钟又出现上述现象。

2. 故障分析

根据上述现象，最初怀疑压缩机电动机绕组匝间短路，使热保护元件电流过大而跳开。经检查，运行绕组和启动绕组均正常，且绕组与机壳绝缘良好，最后怀疑是 PTC 元件的问题。测量 PTC 元件阻值无穷大（常温下正常阻值为 22Ω 左右），打开该元件外壳，发现 PTC 元件烧毁。

3. 维修方法

更换新的 PTC 元件。

（五）电冰箱冷藏室温度偏高故障的维修

1. 故障现象

松下 NR-155TAH 电冰箱冷藏室温度偏高，无法冷藏食品。

2. 故障分析

打开冷冻室门，手按门开关，听不到风扇电动机运转声，说明风扇电动机有故障。

3. 维修方法

拆下风扇电动机，仔细拆开电动机的绕组线包，并查看其功率为 8W，测量线径为 0.11mm，数出线包数为 3700 圈。

用原绕组相同的新漆包线，按原圈数绕好，再用软线做引出线，然后用细线捆扎好，放到80℃左右的烘箱里烘烤4h取出。

（六）间冷式电冰箱融霜电路的维修

1. 故障现象

电冰箱不启动。

2. 故障分析

（1）接通电源，打开温度控制器开关。

（2）将万用表调至交流220V挡，测量发现压缩机没有通电。

（3）切断电冰箱电源，将万用表调至“$R\times1\Omega$挡”，逐个测量温度控制器、融霜定时器、融霜温度控制器、融霜熔丝及融霜加热器。检查发现融霜加热器断路。

（4）电冰箱在融霜时，融霜加热器烧坏，造成融霜加热器熔断，而导致电冰箱不工作。

3. 维修方法

（1）拆下熔断的融霜加热器。

（2）更换新融霜加热器。

（3）接通电源，重新开机，故障消除。

（七）电冰箱压缩机卡缸或卡轴故障的维修

1. 故障现象

电冰箱停用1年后重新使用时，压缩机只振动而不运转，5s后保护器跳开，据此判定为压缩机卡缸或卡轴故障。

2. 故障分析

（1）长期停用的冰箱，在停用期间，由于冷冻油变质及摩擦屑等原因，使活塞与汽缸壁粘连在一起发生卡缸。

（2）电冰箱长时间工作摩擦产生的热量散发不及时，使压缩机过热，运动部件受热膨胀发生卡死。

（3）润滑油量不足或质量不好使运动部件卡位。

3. 维修方法

（1）不用急于解剖壳体检修，可先切断电源用橡胶锤敲打压缩机周围，也可用铁锤垫木板敲打。

（2）如果仍不启动，可再敲击；如果压缩机运转，可测量其工作电流，并倾听压缩机运行声音和启动声音。

（八）电冰箱压缩机不制冷发生“冰堵”故障的维修

1. 故障现象

双门电冰箱通电后压缩机虽然运转，但不制冷（蒸发器不结霜）。

2. 故障分析

进行检漏没有发现泄漏点，怀疑系统有“冰堵”存在。

3. 维修方法

将系统内的制冷剂从工艺管排出，然后抽空，重新充注合格的制冷剂。

（九）电冰箱压缩机不运转故障的维修

1. 故障现象

电冰箱通电后照明灯亮，但压缩机不运转。

2. 故障分析

压缩机不工作的原因是多方面的，如电动机、除霜恒温器、温度控制器、组合式继电器及连接线等故障。

一般检查思路是：电源电压→电源控制线路→除霜恒温器→温度控制器→组合式继电器→连接线接点可靠性→压缩机电动机绕组电阻值。

本机检查时，发现温度控制器的触头开路，不能闭合。

3. 维修方法

将温度控制器触头打开，经检查发现无法修复，更换新的温度控制器后，冰箱恢复正常工作。

（十）电冰箱箱门出现倾斜、下沉故障的维修

1. 故障现象

电冰箱箱门倾斜、下沉。

2. 故障分析

箱门存放食品过多或铰链固定螺钉松位。

3. 维修方法

（1）拆下塑料台面板。

（2）松开固定铰链螺钉，卸下箱门，取出轴销套，放入适当厚度的小塑料片后，重新装入箱门，然后调整箱门与箱体的距离，使磁性门封条与箱体门框四周吸合严密。

（3）重新拧紧铰链固定螺钉。

（十一）电冰箱箱门手柄脱落故障的维修

1. 故障现象

电冰箱箱门手柄脱落，开箱门困难。

2. 故障分析

电冰箱箱门手柄人为的碰撞、老化破裂。

3. 维修方法

具体的更换方法如图 5－13 所示。

（十二）电冰箱门封条扭曲故障的维修

1. 故障现象

使用多年的电冰箱出现磁性门封条扭曲，箱门关不严密。

2. 故障分析

电冰箱使用时间较长，磁性门封条已老化甚至破裂。

3. 维修方法

新磁性门封条截取与熔接的方法如图 5－14 所示。更换后，对称地按图 5－15 所示顺序拧紧所有固定螺钉，并仔细查看、调整，使门封与箱体均匀贴紧。

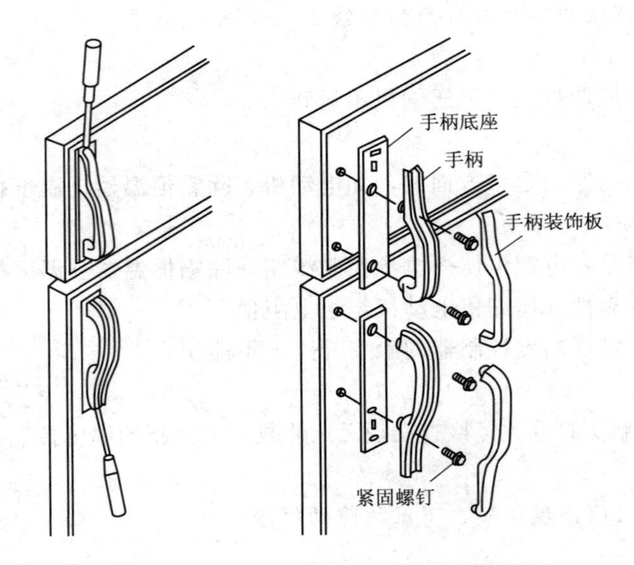

（a）手柄装饰板的拆卸方法　　（b）手柄组件的拆卸分解

图 5－13　电冰箱箱门手柄更换方法

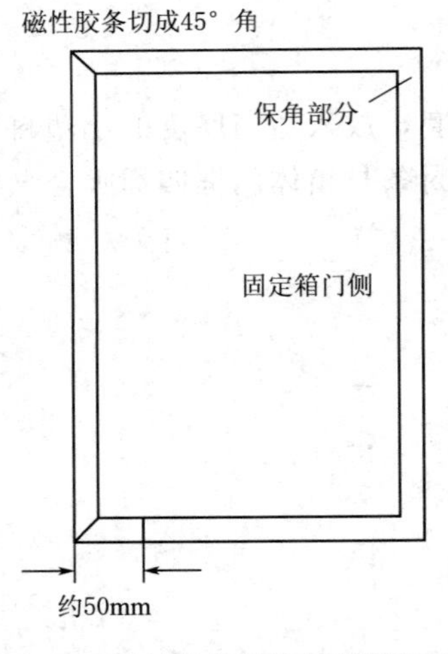

图 5－14　门封条的截取与熔接示意图

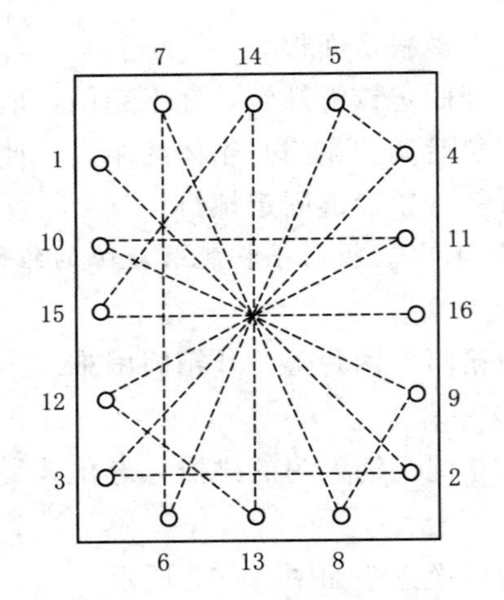

图 5－15　拧紧螺钉的顺序

二、电冰箱压缩机检修实例

（一）压缩机线性余隙过大，使压缩机运转不停，电冰箱制冷不良

1. 故障现象

一台日本日立公司生产的 VMN107AR 型压缩机，灌 R－12 后试运行，经过 5 个多小时观察，发现压缩机运转不停，冷藏室温度偏高，冷冻室不结冰，回气管不凉，修理阀真空压力表压力 0.095MPa。

2. 故障原因

压缩机能正常启动、运行，箱温不正常，说明故障出在制冷系统上。制冷系统故障在于 R－12 泄漏、毛细管或干燥过滤器堵塞、压缩机故障等。由于在试运行时修理阀真空压力表压力为 0.095MPa，压力还较高，因此毛细管、干燥过滤器不可能堵塞，制冷剂无泄漏，可初步判断为压缩机故障。经询问，原压缩机吸气阀片损坏，市场上没有配套阀片供应，维修人员用钢片自制阀片，自制的阀片比原阀片稍厚。根据这种情况可以判断，故障是由于吸气阀片厚度增加引起的。这台电冰箱采用曲柄滑管式压缩机，其吸气阀片装在阀板与汽缸之间，吸气阀片厚度增加，上活塞在上死点时活塞顶部与阀板之间的线性距离增大，即线性余隙增大，压缩机输气量减少，制冷量下降，使箱温降不下来。

3. 故障排除

用户与检修人员认为，压缩机已使用多年，还是换一台新的压缩机为好。把同型号、规格的新的压缩机装上制冷系统后，经压力检漏、抽空、充灌 R－12，电冰箱恢复正常工作。

（二）压缩机阀片积炭，引起电冰箱不制冷

1. 故障现象

一台日本日立牌 R－165FH 型双门直冷冻式电冰箱，打开冷藏室箱门发现箱内不凉，继而打开冷冻箱门，发现食品解冻，蒸发器不结霜，仅凝露。压缩机长时间运转不停机，排气管与机壳烫手。冷凝器不热，干燥过滤气不凉。

2. 故障原因

从故障现象可知，电冰箱已从正常使用到不制冷了，故障出在制冷系统上。于是割断工艺管，有大量气流喷出，说明制冷系统不漏。进而在工艺管上接修理阀，充灌 R－12 至 0.2MPa 左右，关 R－12 钢瓶阀和修理阀，启动压缩机，修理阀真空压力表压力下降、活塞与汽缸磨损后间隙变大、高压缓冲管断裂、汽缸垫片或阀座垫片中筋断裂等都会使压缩机失去吸、排气能力。但排气阀故障。于是烤化吸、排气管焊缝，压缩机从制冷系统上拆下，剖开机壳，取下阀板，发现排气阀烧黑。取出积满炭的排气阀片，发现其密封面有油污，并有明显的磨损痕迹。这是由于压缩机排气温度过高，甚至超过冷冻油闪点，冷冻油炭化，使排气阀片积炭，导致阀片密封面磨损而泄漏。

3. 故障排除

研磨排气阀片合格后，装上阀板进行密封性试验，合格后再按上例处理，电冰箱恢复正常工作。

（三）压缩机卡缸，使压缩机不能启动、运转

1. 故障现象

一台海河牌 200L 电冰箱，长期不用后想继续使用，但通电后压缩机不转，发出嗡嗡声。用钳形交流电流表测电源线，输入电流很大。拔掉电源插头后，用万用电阻挡测量压缩机电机绕阻，阻值正常。

2. 故障原因

这种情况绝大多数是压缩机“咬煞”所致。压缩机“咬煞”是指压缩机运动件的摩擦表面互相抱住而不能运动。要确定咬合的部位，只有拆下压缩机检查才行。拆卸时，若发

现某运动部件拆不下来又转不动，则可确定为“咬煞”，但有些压缩机的活塞销与活塞销座是过度配合，不要把它误为“咬煞”。

“咬煞”可分为“抱轴”与“卡缸”两类。压缩机抱轴指轴与轴承抱死，轴不能转动，其主要原因是断油，轴承得不到润滑。“卡缸”是指活塞在汽缸中“卡死”而不能运动。卡缸主要是锈蚀引起的，由于断油而卡缸的情况很少见，其原因是汽缸散热条件好，壁面受力比主轴承小，压缩机少油或断油后，R－12中溶有的冷冻油多少可以起到一些润滑汽缸镜面的作用。压缩机锈蚀是在电冰箱长期搁置不用且维护不当，有潮气侵入的情况下才会发生。

3. 故障排除

(1) 压缩机出现“咬煞”故障后，先不要急于拆开压缩机，用木榔头往压缩机机壳顶部凸出部位敲打。

(2) 一般压缩机的活塞与汽缸和压缩机机壳顶部在一直线上，这样利用敲打可使活塞产生“座力”，使活塞与汽缸松动并吻合。

(3) 然后敲打压缩机顶部中心和周围，使曲轴与润滑管回到原来的部位，使压缩机正常运转。每次敲打过程中都要通电试机，看压缩机是否运转。

(4) 运转后还要倾听压缩机运转声是否正常，如果听到活塞与汽缸有干摩擦声音，说明压缩机汽缸油或吸管不通，这种情况应剖开机壳检修润滑系统。

(5) 这台冰箱压缩机经敲打后故障仍不能排除，只好把压缩机从制冷系统上拆下，剖开机壳，将机芯取出。卸下电机，用手转动转子不能转动，且发现锈蚀较为严重。

(6) 活塞锈蚀卡缸应先设法盘动活塞。

(7) 先在汽缸壁上浇些煤油，让它渗透到锈缝中去，等一段时间，用木榔头一端轻轻击活塞顶面，松动后盘动曲轴使活塞上下移动几下，再拆下汽缸体，拆下活塞。

(8) 用C00号砂纸轻轻地擦去活塞外圆柱面与汽缸镜面的铁锈，用汽油清洗后擦干，然后测量汽缸与活塞的配合间隙，尚未超出许可范围。

(9) 再用经验方法检查活塞与汽缸的密封性，基本符合要求，活塞可继续使用。

(10) 压缩机修复后进行排气效率实验，然后检漏，装上制冷系统，制冷系统再经检漏、抽空、充灌R－12，电冰箱恢复正常工作。

(四) 压缩机活塞与汽缸配合间隙过大，引起电冰箱制冷效果差，压缩机运转不停

1. 故障现象

一台容声牌BYD－103A型电冰箱，多年使用后更换过温度控制器，运行一段时间后制冷效果明显下降。若箱内有冷度，但箱温达不到额定值，则引起故障的原因就很复杂；若箱内不冷，一定是制冷系统的故障。经测试，电冰箱冷藏室温度为15℃。由此可知，冰箱压缩机运转不停是由于箱温达不到额定值引起的。箱温降不下来的原因有蒸发器霜层太厚、箱内食品太多、箱门关闭灯仍然亮着、门封不严、干燥过滤器或毛细管部分堵塞、制冷系统微漏、压缩机效率下降等。经现场观察与测试判断，排除其他因素后，可能的原因是毛细管部分堵塞、制冷系统微漏或压缩机效率下降。因此决定割断压缩机工艺管，泄放制冷剂，然后往制冷系统灌R－12至0.2MPa，启动压缩机，修理阀真空压力表压力为0.05MPa，没有呈真空，说明毛细管没有堵塞，因此，基本上可判断箱温降不下来是由于

压缩机效率降低引起的。割断压缩机吸、排气管，启动压缩机，用大拇指按住吸气管，感到吸力不大，用大拇指按住排气管，感到压力也不大，由此外可证实故障是由于压缩机效率降低引起的。

2. 故障排除

(1) 剖开压缩机机壳，拿掉上壳，用一张厚纸遮挡压缩机后面。

(2) 启动压缩机，发现有大量冷冻油从活塞与汽缸之间间隙喷出，说明活塞与汽缸配合间隙过大。

(3) 拆机测量，活塞与汽缸间的间隙超过允许值。

(4) 重新选配一个活塞装机后，电冰箱恢复正常。

(五) 压缩机避震弹簧脱位，电冰箱运行中有不正常响声

1. 故障现象

一台万宝牌 BY－173 型的电冰箱，制冷效果很好，但压缩机震动发出“轰轰”的响声。

2. 故障原因

根据故障现象可知，“轰轰”声是由压缩机内减震弹簧断裂或脱位引起的。用上例的方法向四方倾斜电冰箱，当向右方倾斜 30°时，响声消失，说明减震弹簧没有断裂，而是脱位。

3. 故障排除

(1) 该电冰箱压缩机用的是减震弹簧，因此，可用倾斜压缩机的办法修复。

(2) 将压缩机左边减震橡皮垫高 4cm，电冰箱恢复正常工作。

(六) 压缩机汽缸与活塞配合间隙过大，引起排气管滴油

1. 故障现象

一台日本日立 R－165HF 型电冰箱拆机检修，观察压缩机运转时，发现排气管口连续滴油。

2. 故障原因

正常情况下，密闭式压缩机排气管不排油或只有极少量的油排出。排气管口连续滴油可能是由于活塞与汽缸的间隙过大，汽缸窜油，冷冻油随压缩机体排出排气管引起。启动压缩机，用简易的方法对压缩机效率进行检验，发现其效率下降。

3. 故障排除

(1) 剖开压缩机，启动压缩机，发现少量冷冻油从汽缸与活塞之间的间隙冒出。

(2) 再用经验方法检验汽缸与活塞的密封性，说明密封性已不合格。

(3) 重新选配活塞，经磨合运转后装复，压缩机运转正常。

(七) 压缩机机壳焊缝泄漏，引起电冰箱不制冷，压缩机运转不停

1. 故障现象

雪花牌 150L 电冰箱检修后使用一段时间发现，制冷效果下降，蒸发器一部分结霜，一部分不结霜，箱温达不到要求，压缩机运转不停。用手沿压缩机机壳焊缝摸，发现有油污，则怀疑有泄漏。

2. 故障原因

根据故障现象，可初步认定是由于 R－12 从压缩机焊缝处泄漏，使电冰箱制冷效果下降。为确定泄漏部位，割断压缩机工艺管，发现制冷剂喷出量不多，可证实确是 R－12 泄漏。在工艺管接修理阀与氮气瓶，充氮气 1.2MPa，用肥皂水涂抹所有焊缝处，发现压缩机上，下壳焊缝处有小气泡连续冒出，在泄漏处作好记号。

3. 故障排除

（1）割断或烤化压缩机吸、排气管。

（2）把压缩机从制冷系统上拆下，倒出机壳内的冷冻油，为泄漏的焊缝进行补焊。

（3）补焊时可以在原焊口渗漏处用锉刀锉平整，或用手提砂轮机磨净，再用酒精清洗焊缝周围，施以电焊焊补。

（4）压缩机修后进行检漏试验，合格后装复，电冰箱恢复正常工作。

（八）压缩机吸气管微漏，电冰箱温降不到规定温度，引起压缩机不停机

1. 故障现象

一台万宝牌 BCD－158 型双门直冷式电冰箱，买回来后已经用了半年，近来突然出现不停机。打开冷冻室的箱门，有冷气喷出，用温度计测量箱温，冷冻温度仅－12℃，冷藏室温度为 16℃。

2. 故障原因

由于双门直冷式电冰箱温度控制器在冷藏室，冷藏室温度降不到规定值，温度控制器感温腔内的压力相当高，动触头不能脱离静触头，引起不停机故障，经检查发现压缩机吸气管焊缝有微漏，导致箱温降不到规定值。

3. 故障排除

（1）割断工艺管，喷出制冷剂，在吸气管焊缝处补漏。

（2）然后在工艺管接修理阀，充氮气检漏、抽真空、充灌 R－12。

（3）当箱温达到规定值后，在温度控制器的作用下压缩机能自动开停。

三、电冰箱冷凝器故障检修实例

（一）冷凝器传热管内积油污，使电冰箱制冷不良

1. 故障现象

一台进口旧的双门电冰箱，检修后试运行，冷藏室温度可达 4～5℃，冷冻室温度只能降到－11℃，排气管、冷凝器均很烫，干燥过滤器外壳也比较热，压缩机运转正常。

2. 故障原因

一台正常的电冰箱连续工作时，冷凝器温度一般不超过 55℃，其上部最热，中部热度下降，下部温热接近室温。电冰箱工作不正常时，会出现冷凝器表面温度过高或上、中、下部温度都很高，温度梯度明显下降。冷凝器表面过热，势必压缩机机壳也过热，甚至会使紧贴在机壳上的碟形过电流过温升保护器跳开。这一台电冰箱虽不及如此严重程度，但冷凝器很烫，箱温降不下来，说明电冰箱存在故障。

冷凝器表面过热与其散热效果下降及制冷系统内空气过量、制冷剂过量、冷凝器维护不当等有关。这一台电冰箱冷凝器刚扫过，很干净，制冷系统用真空泵抽空后充 R－12，修理阀真空压力表压力和输入电流均在规定范围内，因此，初步判断故障的原因是电冰箱

连续使用多年后，由于压缩机排气温度高，使部分冷冻油汽化，加上其他杂质，污物一起粘结在传热管内侧壁面上，形成油垢，增加热阻，使冷凝器散热效果显著下降，冷凝器过热，箱温降不下来。

3. 故障排除

(1) 冷凝器传热管内积油垢应用三氯乙烯、氯乙烯或四氯化碳等溶剂进行洗涤。

(2) 洗涤时应烤化冷凝器与压缩机和干燥过滤器连接的焊缝，并用橡皮胶或软木塞堵住压缩机和干燥过滤器的焊口，以免空气中水蒸气倾入制冷系统。

(3) 冷凝器可固定在箱体上或从箱体上拆下，与洗涤装置相连接。洗涤过程如下：

1) 清洗。在右边玻璃瓶内装有洗涤剂，启动真空泵，右边玻璃瓶内的洗涤剂经过冷凝器被吸入左边的玻璃瓶内，当左边玻璃瓶内的洗涤剂液面接近玻璃管口时，立即停泵，以免洗涤剂吸入真空泵。在洗涤过程中，晃动冷凝器洗涤效果更好。经反复清洗，直至冷凝器流出的清洗剂基本干净为止。

2) 干燥。洗涤后的冷凝器用干燥气体反复吹除，使之干燥。或放入烘干箱进行抽空干燥，烘干温度105℃±5℃，烘干时间约8h。

干燥后的冷凝器应及时装配，否则其进出口端应用塞子塞住，防止湿气进入。冷凝器焊入制冷系统，经检漏、抽空、充灌R-12后，冷凝器过热现象消除，冷冻室温度可降到-18～-16℃，电冰箱可以正常使用。

(二) 冷凝器传热管内存油太多，造成电冰箱制冷效果差，压缩机不停机

1. 故障现象

一台新修好的压缩机装上日立R-165FH型电冰箱制冷系统后试运转，冷凝器表面过热，箱温降不到规定温度，压缩机运转声沉重，不停机。

2. 故障原因

经检查，该电冰箱冷凝器外侧很干净。电冰箱刚用两年，传热管内侧油垢的可能性很少，因此，可能冷凝器的制冷剂通道不畅通，使压缩机排气压力升高，而排气温度和冷凝器的制冷剂通道不畅通，使压缩机排气压力升高，而排气温度和冷凝温度均升高，导致冷凝器过热，箱温降不下来，压缩机负荷大，运转声沉重。经了解，这台压缩机在修理过程中，检修人员向机壳内加过冷冻油，因此怀疑加的冷冻油过量，使冷凝器内存油太多，既阻塞制冷剂通道，又使冷凝器传热性能变差。

3. 故障排除

用氮气吹除冷凝器内的积油，吹除方法如下。

(1) 烤化冷凝器与压缩机排气口焊接缝及冷凝器与干燥过滤器焊接的焊缝。

(2) 用塞子堵住干燥过滤器的进气口端和压缩机的排气口端。

(3) 在冷凝器进气端接修理阀与氮气钢瓶，开修理阀与氮气钢瓶阀，调整钢瓶上的减压阀。

(4) 在冷凝器出口放一张白纸，若白纸上有油渍，说明传热管内还有油污，直吹至白纸上不出现油污为止。

(5) 吹除结束，把冷凝器与压缩机和干燥过滤器焊好，对制冷系统进行试压检漏、抽空、充灌R-12，电冰箱恢复正常工作。

(三) 冷凝器微漏，导致电冰箱不制冷

1. 故障现象

一台水仙花牌 LB-80 型单门电冰箱，经检修使用一年后不制冷，压缩机能启动、运行。

2. 故障原因

电冰箱不制冷应从漏、堵、冻及压缩机故障等方面检查。从外观及用手摸焊缝、接头未见油迹，割断压缩机工艺管没有气流喷出等方面判断，说明有漏点。在工艺管接修理阀和 R-12 钢瓶，充 R-12 至 0.58MPa，压肥皂水或卤素检漏灯检漏，未发现漏点。放掉 R-12，重新充灌 R-12 约 0.2MPa，重复 2 次，启动压缩机，修理阀真空压力表压力降至 0.06MPa，蒸发器会结霜，箱温也能降下来，说明制冷系统不堵、不冻，压缩机也无故障，但一天后又不制冷，看来故障还是出在"漏"上。烤化压缩机吸气口焊缝和毛细管与干燥过滤器焊缝，取出蒸发器和压缩机，把整个制冷系统泡在水箱内，充灌 R-12 至 0.58MPa，仔细观察从水内冒出的气泡，发现百叶窗式冷凝器第二排传热管右侧，从百叶窗板与传热管的缝隙中冒出一个极小的气泡，隔一段时间又冒出一个，1h 冒出 4 次，可以确定故障就出在这个漏点上。

3. 故障排除

(1) 撬开冷凝器第二传热管，发现漏点处管道是对焊的。

(2) 割掉漏点前后一小段管道，用套接法，取一段新管道把冷凝器两段连接起来。焊好后对制冷系统检漏，没有气泡冒出。

(3) 烤化压缩机吸气口焊缝和毛细管与干燥过滤器焊缝，把毛细管、吸气管穿过箱体后，将蒸发器固定在箱内，冷凝器、压缩机等部件也固定回原位。

(4) 对压缩机吸气口与吸气管、毛细管与干燥过滤器施加银焊。

(5) 抽空制冷系统，充灌 R-12。电冰箱恢复正常工作。

(四) 冷凝器通风不良，使压缩机运转不停

1. 故障现象

一台万宝牌 BYD-158 型外露式冷凝器电冰箱，原来使用正常，盛夏季节来临后，冷凝器表面过热，压缩机运转不停。

2. 故障原因

压缩机运转不停是一种故障，必须及时排除。可通过测定箱温来判断引起这种故障的原因。经测定冷藏室温度为 11.5℃，高于电冰箱正常工作的温度，因此故障不是由温度控制器引起的。引起箱温达不到要求可能的原因有：蒸发器霜层厚、箱内食品太多、门封不严、照明灯不灭、环境温度太高以及制冷系统故障等。经现场检查发现，电冰箱置于房间死角位置，不通风，且盛夏室内温度很高。外露式冷凝器是靠空气自然对流冷却的，空气不流通，室温又高，使冷凝器散热效率极差，导致冷凝器表面过热、制冷效果下降、箱温降不下来，出现不停机故障。

3. 故障排除

(1) 把电冰箱置于通风良好、室内温度较低的地方。

(2) 注意使冷凝器与墙壁之间距离大于 10cm，故障得以排除。

（3）电冰箱恢复正常工作。

四、蒸发器故障检修实例

（一）不锈钢板式蒸发器的更换

1. 故障现象

一台海河牌单门电冰箱，不制冷，压缩机运转5min后排气管与冷凝器还不热，蒸发器有空气流动的“吱吱”声。

2. 故障原因

不制冷，压缩机运转后排气管和冷凝器都不热，是制冷系统故障。正常情况下蒸发器有流水声，若没有声音表明制冷系统没有循环，则可能漏、堵或压缩机有故障。这台电冰箱的特殊现象是压缩机运转时蒸发器有“吱吱”的气流声，据此判断为蒸发器泄漏。为进一步判断故障部位，割断压缩机工艺管，没有气流喷出。在工艺管接修理阀和氮气瓶，向制冷系统充氮气1.2MPa，用肥皂水检漏，发现蒸发器有5个漏点，其他部件未见漏点，故障的确为蒸发器泄漏。

3. 故障排除

（1）该电冰箱采用不锈钢板式蒸发器。

（2）由于蒸发器漏点太多，不宜用补漏方法修复，决定更换蒸发器。

（3）更换时先把制冷系统氮气放掉，烤化压缩机吸气口与吸气管的焊缝、毛细管与干燥过滤器的焊缝。

（4）单门电冰箱板式蒸发器用4支塑料螺钉悬吊在箱体内侧上部，与箱体内壳没有接触，部分毛细管与回气管盘旋在蒸发器与箱体内胆之间的空间。

（5）旋松4支塑料螺钉，蒸发器、毛细管和吸气管即可从箱内拿出来。

（6）烤化毛细管、吸气管与蒸发器连接的焊缝，取下蒸发器，换上新的蒸发器。不锈钢蒸发器可用铝蒸发器取代，但新、旧蒸发器传热面积要相当，尺寸要与箱体相配。

（7）由于铜、铝或者铜、不锈钢焊接较困难，而毛细管与压缩机吸气管都是紫铜管，因此，板式蒸发器进、出口管为铜管，其与毛细管或吸气管连接时可施加银焊、铜焊甚至锡焊。

（8）蒸发器与毛细管、吸气管焊接后，两根管穿过箱体再引到箱外，把多余的管段盘旋在蒸发器顶板上，借助4支塑料螺钉把蒸发器固定在箱内。

（9）毛细管另一端与干燥过滤器、吸气管与压缩机焊好。

（10）对制冷系统试压检漏、抽空、充灌制冷剂。

（11）电冰箱恢复正常工作。

4. 注意事项

蒸发器更换焊接时要注意以下几点。

（1）应将对接的铜管进行退火处理，并对焊接处用粗砂布进行纵向砂磨，以清除氧化物以便于焊接时焊料的流动。相接铜管之间应有0.05～0.15mm的间隙，以便于焊料渗入，保证焊接强度。银焊或铜焊时焊接火力应强，但火焰不能直接喷到铜、铝接头的焊缝处，为此可用湿布包好铜、铝焊缝。

（2）焊毛细管时应先加热蒸发器进口接管头，在其呈暗红色时插入毛细管，毛细管插入长度约20mm，并立即加焊剂和焊料，待焊料填满接口时立即移去火焰，以免加热温度过高使毛细管熔化而影响强度。

(3) 焊接完必须待接头冷却后，方可对管道进行整形，在焊接处1cm内不宜弯曲。焊接完毕应清除焊剂，否则焊剂遇水后会腐蚀铝管而造成泄漏。

(二) 铝板式蒸发器铜、铝接头焊缝泄漏，使电冰箱工作不正常

1. 故障现象

雪花牌LBJ4-6型200L单门电冰箱使用多年后。制冷效果变差，压缩机运转时间变长，停机时间缩短，蒸发器部分不结霜。

2. 故障原因

根据故障现象，检查了箱门密封性、照明灯、温度控制器，在它们都正常的情况下，初步判断故障原因为制冷系统微漏、微堵或压缩机效率下降。用卤素检漏灯检查箱背下面各连接处焊缝，未发现漏点。打开箱门察看，未见异常情况。取出蒸发器下面的塑料接水盘，发现融霜水面有油迹，进而详细察看，接水盘上方蒸发器连接管焊缝也有明显油迹。旋下固定蒸发器的4支螺钉，取出蒸发器，用卤素检漏灯检查有油迹的铜、铝焊缝时发现漏点。割断压缩机工艺管虽有气流喷出，但喷射时间短，说明由于微漏使制冷系统的R-12大为减少，致使电冰箱制冷效果变差。

3. 故障排除

(1) 铜、铝接头焊缝泄漏最好是更换蒸发器，但市场上缺货，于是决定用粘接法修复。

(2) 由于铜、铝接头没有断裂，只是泄漏，可烤化蒸发器与吸气管接头修复。用零号砂纸打磨铜、铝焊缝，并准备一段紫铜管，用汽油或酒精洗焊缝与铜管。

(3) CX212胶粘剂、JC-311胶粘剂、盘石牌302强力环氧胶都可用于粘接铜、铝焊缝。

(4) 胶粘剂按说明书充分调匀后，把漏孔涂平。

(5) 把铜管套入铜、铝焊缝，从铜管与蒸发器的铜、铝管缝隙挤入胶粘剂，以填满为好。

(6) 胶粘剂固化后把蒸发器与吸气管接头焊好，把蒸发器固定在箱体内。

(7) 在压缩机工艺管接修理阀，制冷系统试压检漏、抽空、充灌R-12。

(8) 电冰箱恢复正常工作。

4. 注意事项

铜、铝接头焊缝泄漏还可用下述方法粘接：用砂纸打磨焊缝，并用汽油或酒精清洗后，用硬质纸或青铜丝紧扎在铝管上，以免胶粘剂漏出。然后在斗型纸套的另一端注入调配好的胶粘剂，经24h固化后，把蒸发器装回制冷系统。

(三) 蒸发器局部不畅通，使压缩机开机时间变长

1. 故障现象

日立R-165型的电冰箱使用2年后，压缩机开机时间明显增长，板式蒸发器几道通道的局部区域霜层尤为厚，而邻近的区域却不结霜或结薄霜。

2. 故障原因

电冰箱正常运行时，整个蒸发器均匀结霜，若蒸发器通道不畅通，在阻塞点产生制冷剂节流，即在阻塞点前端制冷剂压力较高，温度也较高，这一部分区域不结霜或结薄霜；阻塞点后端压力低，温度低，这一部分区域结霜厚，因此，可以肯定蒸发器局部不畅通造成上述故障现象。

3. 故障排除

(1) 蒸发器通道中积存的油污、脏物或水分等冻结在通道中，使其不畅通。

(2) 若不影响正常使用，可不予处理；若电冰箱制冷效果明显下降、压缩机不停机等，则应进行吹除。

(3) 吹除前割断压缩机工艺管，放出制冷剂。

(4) 对于双门直冷式电冰箱，应在箱体后面开背。

(5) 烤化冷冻室蒸发器与吸气管、冷藏室蒸发器连接管的焊缝，在冷冻室蒸发器进口管焊一段紫铜管，并接修理阀与氮气瓶。

(6) 当蒸发器表面温度回升到接近常温时，用压力为0.2～0.6MPa的氮气吹除。

(7) 蒸发器有阻塞点，吹出的气体压力较低，气体排空声音较小；若蒸发器吹通了，吹出的气体压力较高、气体排空噪声很大。

(8) 蒸发器阻塞排除后，拆下修理阀与氮气瓶，把接管焊好，制冷系统经检漏、抽空、充灌R-12。

(9) 电冰箱恢复正常工作。

4. 注意事项

若用氮气吹除无效，应更换蒸发器。

五、毛细管故障检修实例

(一) 毛细管油堵，使电冰箱制冷效果变差

1. 故障现象

一台日立R-165型的电冰箱压缩机能启动、运行，但排气管与冷凝器微热，冷冻室冰凉，但不结霜，蒸发器无明显流水声，输出电流小于额定电流。

2. 故障原因

电冰箱制冷效果明显下降，这是制冷系统故障。割断压缩机工艺管有大量气流喷出，表明制冷系统无漏。输入电流较小，表明压缩机出现机械故障的可能性较小，初步判断为制冷系统堵塞。在工艺管接修理阀和R-12钢瓶，充灌R-12约0.2MPa，关钢瓶阀和修理阀，启动压缩机试运转，修理阀真空压力表显示为真空，干燥过滤器外壳有热度，据此判断毛细管堵塞。

3. 故障排除

(1) 根据检修经验，电冰箱常发生毛细管油堵故障，用抽吸法排除。

(2) 在工艺管接修理阀与真空泵，启动真空泵，边抽空边用电吹风对毛细管外露部分进行加热，温度达50～60℃，使毛细管内杂质变软，逐渐被抽吸而消失。

(3) 在操作过程中，抽空时间要长，通常要30min左右。

(4) 抽空后关修理阀，拆卸真空泵，然后在修理阀上连接R-12钢瓶，排除连接管

空气后，向制冷系统充灌 R-12 至 0.2～0.3MPa。

(5) 经试运转电冰箱工作正常。

这台电冰箱使用 3 年后又出现类似故障，用同样方法排除故障，电冰箱又继续正常使用。

(二) 毛细管严重堵塞，电冰箱不制冷

1. 故障现象

一台雪花牌 LBJ2-6 型单门电冰箱压缩机能启动、运行，但不制冷，冷凝器不热，蒸发器没有流水声。

2. 故障原因

这台电冰箱经多年使用，现不制冷，判断为制冷系统渗漏或压缩机效率下降引起。割断压缩机工艺管，有气流喷出，但气量少，怀疑有微漏。在工艺管接修理阀和 R-12 钢瓶，充灌 R-12 约 0.2MPa。关钢瓶阀与修理阀，启动压缩机后，修理阀和真空压力表压力值接近-0.1MPa，这说明压缩机性能尚好，但毛细管严重堵塞，使得割断工艺管只有少量气流喷出，而大量制冷剂被堵在阻塞点与压缩机排气管之间的空间。

3. 故障排除

(1) 毛细管单独吹除或更换毛细管。

(2) 毛细管单独吹除时，把毛细管与蒸发器和干燥过滤器的焊缝烤化，脱开连接处，将其与制冷系统单独脱离。

(3) 如可能，在毛细管堵塞位置用火焰加热，把堵塞在毛细管处的脏物烧化。

(4) 用 0.6MPa 的氮气对毛细管单独吹除。

(5) 退火后的毛细管在管壁内侧产生氧化皮，要进行清洗。

(6) 清洗时把毛细管焊在清洁紫铜管上，用汽油或四氯化碳等清洗剂冲洗。

(7) 清洗后的毛细管必须抽空、干燥。

(8) 再次进行吹压试验合格后，焊到制冷系统上。

(9) 制冷系统经检漏、抽空、充灌 R-12。

(10) 电冰箱恢复正常工作。

如果更换毛细管。其尺寸应与原来的毛细管相同。若受材料限制而改变尺寸，可测定毛细管性能。测定时，毛细管出口先不与蒸发器入口焊接，毛细管入口与新的干燥过滤器出口焊接。若高压修理阀上压力表压力超过 1.2MPa，说明新的毛细管阻力太大，可截去一段毛细管，边截边试验压力值，直到合适为止。若压力低于 1MPa，说明毛细管不够长，应重换一根，并重新测定，直至合格为止。

另一种测定毛细管性能的方法是将其焊到制冷系统，在压缩机工艺管接修理阀，并关修理阀，这时制冷系统内压力等于外界大气压力。启动压缩机后，工艺管上修理阀真空压力表压力值达 74.65kPa 为合格。

(三) 毛细管严重“冰堵”，电冰箱制冷、不制冷反复出现

1. 故障现象

一台正在检修的都乐牌 170L 双门电冰箱，充灌 R-12 后启动压缩机试运行，开始时蒸发器结霜正常，压缩机排气管与冷凝器都会热，有连续的气流声，箱温也能降下来。后

来气流声逐渐变得断断续续，经过20多分钟后，蒸发器霜层融化，压缩机排气管与冷凝器都不热，箱温回升，以至不制冷，气流声消失。经一段时间运行后，电冰箱又恢复正常工作，这种现象反复出现。

2. 故障原因

电冰箱制冷与不制冷按一定时间间隔反复出现，这是电冰箱毛细管发生“冰堵”的特殊现象。检查毛细管出口段，有一处有冰珠出现，此处内侧为“冰堵”处，用加热法使冰珠融化，毛细管内侧冰也会融化，故障会暂时清除。

制冷系统R-12和冷冻油含有水分，制冷系统在检修过程中，侵入较多水分，制冷系统中干燥过滤器的干燥剂失效等，使制冷剂系统中水分过量而呈游离状态，随R-12在制冷系统中循环，在毛细管温度低于0℃的出口处，水分逐渐结冰，由小变大，导致毛细管堵塞。“冰堵”后制冷系统中的R-12不能循环，不制冷。由于不制冷，使毛细管温度慢慢回升，冰堵处的冰晶逐渐融化，制冷系统又恢复制冷。如此反复，使制冷与不制冷间隔进行，水分越多，间隔时间越短。

3. 故障排除

电冰箱毛细管发生“冰堵”，可用下列方法排除。

(1) 排气法。此法最简单，即用R-12蒸气驱赶水分。

1) 割断压缩机工艺管，放出R-12。

2) 在工艺管连接修理阀，阀口接R-12钢瓶，重新灌R-12至0.2～0.3MPa。

3) 启动压缩机运转5～10min，停机，稳压10min左右，旋下工艺管与修理阀连接螺母，放气，系统中水分随R-12一起放出。

4) 重复上述操作2～3次，轻微“冰堵”即可排除。

(2) 制冷系统重新抽空、干燥。

1) 割断压缩机工艺管放出制冷系统中水分，使毛细管不被“冰堵”。

2) 市场上曾供应进口的“THAWZONE”防冻剂和“FLO”脱水剂，国内检修人员常用甲醇防止电冰箱出现“冰堵”。

3) 甲醇的冰点很低，电冰箱中加入2～4mL甲醇，可把甲醇与水混合物的冰点降到-50～-40℃，毛细管就不会“冰堵”。但甲醇腐蚀性很强，会腐蚀金属与焊缝，还会损坏电机绕组的绝缘层。

4) 因此，加甲醇不如把制冷系统重新抽空、干燥。

这台电冰箱在充灌R-12后，在试运转中发现“冰堵”故障，于是放出R-12，对制冷系统重新抽空、干燥，排除“冰堵”故障，电冰箱恢复正常工作。

六、干燥过滤器故障检修实例

(一) 干燥过滤器严重堵塞，电冰箱不制冷

1. 故障现象

一台东芝GR185型电冰箱使用两年多后，突然不制冷，压缩机排气管、冷凝器、干燥过滤器都不热，蒸发器也没有流水声。

2. 故障原因

根据上述现象，检修人员初步判断为R-12泄漏，但割断压缩机工艺管有气流喷出，

说明误判。在工艺管接修理阀，并在阀口接R-12钢瓶，充灌R-12至0.2～0.3MPa，关钢瓶与修理阀，启动压缩机，修理阀上真空压力表呈真空，停机后表压几乎不回升，说明是堵塞。为了判断是干燥过滤器堵塞还是毛细管堵塞，再充灌一些R-12，使真空压力表回升至0.2～0.3MPa，关钢瓶阀与修理阀。割断干燥过滤器与毛细管焊缝接头，干燥过滤器出口端没有气流喷出，而毛细管入口端有气流喷出，说明干燥过滤器完全堵塞。

3. 故障排除

更换干燥过滤器，然后按上例方法处理，电冰箱恢复正常工作。

(二) 电冰箱长期停用后，造成干燥过滤器堵塞而不制冷

1. 故障现象

很多用户在冬天停用电冰箱，到了春暖花开季节再启用电冰箱时，发现箱温降不到原来温度，压缩机开机时间延长，干燥过滤器外壳发凉。

2. 故障原因

检修人员根据经验认为，电冰箱在正常使用时，干燥过滤器的过滤网受到R-12的冲刷，使其保持洁净。当电冰箱长期停用后，制冷体统中的残余水分会使铜丝网锈蚀。R-12蒸气、制冷系统杂质及压缩机运转时产生的高温、高压冷冻油部分汽化。这些物质在电冰箱停用时会粘附、凝结在滤网上，使干燥过滤器堵塞。

3. 故障排除

(1) 用200～300W电烙铁加热干燥过滤器网部位，加热1～2h，当干燥过滤器烫得不能用手摸时，移去电烙铁。

(2) 立即启动压缩机，用一块方木垫在干燥过滤器下面。

(3) 用木榔头轻轻敲打干燥过滤器，以促干燥器畅通。

(4) 若故障不能排除，就应更换干燥过滤器。

七、电机故障检修实例

(一) 压缩机电机绕组烧毁，压缩机不启动

1. 故障现象

一台风华牌BCD-150型的电冰箱使用2年后，发现冷冻室不结冰。仔细观察，压缩机运转2～3min后停机，过2～3min又开机，压缩机启动频繁，而且开、停机时过载保护器有响声。

2. 故障原因

压缩机开、停过载保护器有响声，表明启动频繁是过载保护器动作引起的，据此，初步判断是电气系统或压缩机机械故障。压缩机开机时用电流表测量输入电流为1.8A，略有过流，使压缩机开机一段时间后过载保护器动作而停机，过载保护器双金属片复位后又开机，引起启动频繁。用万用表测定电机启动绕组、运行绕组，阻值分别为32.8Ω，运行绕组测值偏小，判断为绕组匝间短路。拆卸压缩机，剖开机壳，取出汽缸、活塞等零部件，通电让电机运转时仍有过流现象，可见故障出在电机上。对绕组进行详细检查，发现绕组有数组短接现象，造成短路引起故障。

3. 故障排除

(1) 绕组拆线重绕。

(2) 电机修复后压缩机装入制冷系统。

(3) 检漏、抽空、充灌 R-12。

(4) 电冰箱恢复正常工作。

(二) 压缩机电机绕组轻微短路，使运行电流升高

1. 故障现象

一台容声牌 BYD-165A 型的电冰箱在检修时，充灌 R-12 前运行电流正常，充灌 R-12后运行电流突然升高，达到 2A 左右，电冰箱出现不正常现象。

2. 故障原因

运行电流升高，以为是 R-12 过量，于是割断压缩机工艺管，放掉部分 R-12，虽然运行电流略有降低，仍达到 2A。怀疑排气管焊堵，但排气管无剧热，压缩机启动后修理阀真空压力表可达 0.06MPa。无堵塞迹象。检查电路正常，箱体无漏电。据此，初步判断是压缩机故障，拆下机壳上接线罩盖，测量电机运行绕组、启动绕组，阻值分别为 12Ω、32Ω、40Ω，说明绕组有轻微短路。在电冰箱空载运行时，电流也还正常。当充灌 R-12 后，由于电机的运行负荷增大，电机绕组轻微的短路就会使运行电流增大。拆卸压缩机，剖开机壳，取出电机定子。拆线包时发现启动绕组一匝内圈漆包线有轻微脱漆，造成绕组短路。

3. 故障排除

(1) 电机绕组重绕，组装后试运转，封壳、检漏。

(2) 把修复后的压缩机装回制冷系统。

(3) 对制冷系统检漏，抽空，充灌 R-12。

(4) 电冰箱恢复正常工作。

(三) 压缩机电机绕组接线卡子松脱，压缩机不运转

1. 故障现象

一台香雪海牌 BCD-162 型双门直冷式电冰箱，通电后压缩机不运转，用万用表电阻挡测量其机壳外 3 个电机绕组接线头，3 对接线头阻值都是无穷大。

2. 故障原因

根据万用表测量结果，可初步判断压缩机电机运转绕组和启动绕组都断路。把压缩机从制冷系统上拆下，剖开机壳，发现两个绕组的接线头卡子松脱，掉落。用万用表电阻挡从接线头卡子测量两个绕组阻值分别为 16Ω 与 36Ω，正常，既没有烧断也没有焦糊现象，这可能是由于安装绕组接线头卡子时没有夹紧，加上压缩机振动，导致卡子掉落。

3. 故障排除

(1) 把通组接线头卡子重新固定在机壳内侧的接线柱上并夹紧。

(2) 接通电源后，压缩机能正常运转。

(3) 把检修后的压缩机装回制冷系统。

(4) 对制冷系统检漏，抽空，充灌 R-12。

(5) 电冰箱恢复正常使用。

4. 注意事项

一般情况下，压缩机电机的运行绕组与启动绕组不会同时烧断，一个绕组烧坏，另有

一个绕组还会是完好的。因此，除非机壳内绕组接线头卡子脱落，否则测量机壳外 3 对接线头的阻值不会都是无穷大。

（四）压缩机电机定、转子间间隙偏差，使压缩机不启动

1. 故障现象

一台风华 BCD-150 型电冰箱使用 3 年后，接通电源，压缩机“嗡嗡”响，不启动，几秒钟后“咔嗒”一声，“嗡嗡”声随之消失。3min 后压缩机又“嗡嗡”响，接着又是“咔嗒”一声。如此反复，电冰箱无法使用。

2. 故障原因

上述现象是过流引起过载保护器周期性跳开造成的。检查电源电压、启动继电器、过载保护器均正常，测量机壳上 3 个接线头间电阻分别为 16Ω、32Ω、48Ω，绕组对地电阻达 3MΩ，电机绕组正常，据此，初步判断是压缩机机械故障造成过流。割断工艺管、拆卸压缩机，剖开机壳，检查各运动部件有否卡缸、抱轴，未发现异常现象。但用塞尺测量电机定、转子间隙时，发现前、后、左、右间隙分别 0.06mm、0.10mm、0.16mm、0.26mm，可见定、转子间隙不均匀，出现偏差，造成压缩机不能启动。按规定，定、转子各点间隙偏差不应大于±0.05mm。定、转子间隙不均匀，会产生单边磁拉力，单边磁拉力在电机启动时阻止转子运动，当其作用超过电机启动力矩时，电机便无法启动，发出“嗡嗡”响。

3. 故障排除

(1) 电机定、转子间隙不均，要检查曲轴与主轴承间隙，测量结果为 0.025mm，正常。

(2) 怀疑故障是由压缩机运转时振动引起的。

(3) 对定、转子重新装配，并在定、转子前、后、左、右间隙分别插入 0.2mm 塞尺 4 片，然后拧紧定子与机壳的固定螺钉，边拧边注意其配合间隙。

(4) 拧紧螺钉后，旋转灵活、自如。压缩机其他部件装配后试运转，测定空载运行电流为 0.5A。

(5) 封壳、检漏，把压缩机装回电冰箱。

(6) 对制冷系统检漏、充灌 R-12。

(7) 电冰箱正常使用。

（五）启动电容器损坏，引起压缩机不启动

1. 故障现象

一台琴岛-利勃海尔 BCD-220 型电冰箱，接通电源，压缩机不启动，只发出“嗡嗡”的响声，立刻切断电源停机。用万用表检查电机没有发现不正常现象。

2. 故障原因

较大型的电冰箱多使用电容启动相感应交流电机，在电机本身无故障的情况下，通电不启动或无法正常转入运行，多为启动电容器故障。凭经验先拆下压缩机近旁的启动电容器，用万用表电阻挡测量，两支表笔分别与电容器两个接线柱接触，测其电阻为零，表明电容器短路，这是故障所在。

3. 故障排除

(1) 启动电容器发生故障，不但电机无法启动，还有烧坏电机的危险。

(2) 电容器损坏应更换电容器，新的电容器的电容量、额定电压等应与电容器一样，并注意不得使用超过期限的电容器。

(3) 把新的启动电容器串接到电路上，压缩机能正常启动、运行，电冰箱恢复正常工作。

(六) 压缩机电机接线柱、接线端子的损坏，运行不正常

压缩机机壳上有接线端子，其上有3根接线柱，若损坏了，应先把压缩机从电冰箱上拆下，然后剖开机壳，取出有关零部件，再用如下方法更换。

(1) 如果要更换单个接线柱，可用300W电烙铁先将接线柱周围的锡熔掉，再用钳子拔下接线柱，然后把新的接线柱用细砂纸磨光亮后，再插入孔中，用锡封住即可。焊锡宜用带药锡条以免接线柱受腐蚀。

(2) 更换接线端子时，可按下述步骤进行操作。

1) 用气焊枪将接线端子周围烤一下。

2) 取下接线端子，再将同型号的接线端子插入机壳。

3) 用300W电烙铁焊好，锡焊应牢固、平整，不得有孔隙，以免泄漏。

4) 用乙醚擦净焊缝与接线柱四周，并用兆欧表测量各接头对机壳的电阻，在2MΩ以上为合格。

(七) 无霜电冰箱风扇电机超热保险熔丝管烧断，引起冷冻室不制冷

1. 故障现象

一台万宝牌BYD-155型无霜电冰箱在使用过程中，当房间电灯亮度突然下降后，听不到风扇的运转声，第二天打开冷冻室箱门察看，箱内不结霜只凝露。

2. 故障原因

无霜电冰箱箱内不结霜只凝露，多为制冷系统能正常工作但风扇不转引起的故障，打开箱门，手按门开关，风扇不转。拔下电源插头，用螺丝刀旋下电冰箱背后中上部盖板的自攻螺丝，拿下盖板即可看到风扇电机。用万用表电阻挡测量电机两端接线头，电阻为无穷大，说明接线头之间断路。接线头之间串联着电机定子绕组和超热保险熔丝管，说明它们中之一断路了。于是旋下电机固定架上的螺丝，再从冷冻室拔出风叶，即可从箱背取出电机。再用万用表分别测量电机绕组两端和超热保险熔丝管两端的电阻，绕组电阻为320Ω左右，熔丝管电阻无穷大，说明风扇不转是由于电压降低使熔丝管烧掉引起的。

3. 故障排除

(1) 剥开电机绕组绝缘纸，即可看到超热保险熔丝管。

(2) 用30W左右电烙铁熔化熔丝管两端接头，取下损坏的熔丝管，把同型号、规格的新的熔丝管按原来接线位置用锡焊焊牢，用原来绝缘纸重新把绕组和熔丝管包扎好。

(3) 把电机装在固定架上，接好线，再在冷冻室把风叶套入电机轴，接上电源，风扇能转动。

(4) 固定好箱背盖板，电冰箱即可使用。

(5) 万宝牌 BYD-155 型无霜电冰箱风扇电机超热保险熔丝规格为 250V、10A，保护温度为 142℃。

(6) 若没有同型号、规格的熔丝管，应急的办法是找一个 220V、3A 的电视机保险管，两端焊上锡，代替原熔丝管即可。

(7) 若一时找不到保险管，可用细导线临时连通，以后再换上也可以。

八、温度控制器故障检修实例

(一) 温度控制器接线柱卡子脱落，造成压缩机不启动

1. 故障现象

一台白雪牌 BCD-168 型电冰箱，接上电源后压缩机不启动。

2. 故障原因

检查压缩机不启动原因，先打开冷藏室箱门，照明灯亮，表明电源无故障，问题可能出在电气系统上。查看温度控制器温度调节旋钮，指在“3”，怀疑温度控制器机构不灵活，使触头处于断开状态。于是顺时针、反时针连续旋转温度调节旋钮 2～3 次，压缩机仍不启动，拔下电源插头，拆下压缩机机壳上接线罩盖，用万用表电阻挡检查温度控制器两端接线头，发现断路。拆下冷藏室接线盒，发现一个接线卡子脱落，没有接到温度控制器接线柱上。

3. 故障排除

(1) 把没有接上的接线卡子插到温度控制器线柱上。

(2) 固定好接线盒。

(3) 装上机壳的接线罩盖。

(4) 通电后压缩机能启动、运行。

(二) 温度控制器感温管离开蒸发器表面，引起不停机

1. 故障现象

一台水仙花牌 BC-110 型双门直冷式电冰箱，压缩机运转不停，用温度计测量箱温正常。

2. 故障原因

打开箱门，仔细观察，发现冷藏室温度控制器感温管脱离蒸发器表面而悬在空间。一般情况下，压力式温度控制器的感温管是紧贴在蒸发器表面，以感应蒸发器表面的温度来控制压缩机的开、停。如果感温管离开蒸发器表面，感温管感受箱内温度，而箱温比蒸发器表面温度高，即使箱温降到规定温度、感温管所感受的仍比紧贴在蒸发器表面时高，温度控制器的动、静触头不能断开，致使压缩机运转不停。

3. 故障排除

按原来位置固定好感温管，冰箱恢复正常工作。

(三) 温度控制器感温管不灵敏，引起不停机

1. 故障现象

一台白云牌 BCD-168 型和一台水仙花牌 BC-110 型电冰箱，使用一段时间后，正常制冷，但不停机。

2. 故障原因

根据现场观察，除不停机外，没有发现其他故障迹象，初步判断是温度控制器有故障，经检查，温度控制器基本正常，于是怀疑感温管不灵敏。

3. 故障排除

(1) 先拔掉感温管的塑料套，再把感温管按原来位置固定好，观察压缩机能否停机。

(2) 如果仍不停机，应调节温度范围调节螺钉。该机把感温管的塑料套拔掉后，即可自动开机、停机，达到排除故障的目的。

(3) 拔掉感温管的塑料套之所以能排除不停机故障，是因为感温管直接与蒸发器表面接触，感受更低的温度，因而使温度控制器动、静触头容易脱离而停机。

4. 注意事项

(1) 温度控制器感温管塑料套的作用是避免感温管与蒸发器表面直接接触，以防发生漏电故障。因此，感温管的塑料管拔掉后，应注意检查电冰箱是否漏电。

(2) 通过本检修实例可以看出，温度控制器感温管与蒸发器之间的塑料套厚度会影响其调节性能。如果在感温管与蒸发器的接触面上垫一个一定厚度的塑料薄片，增大蒸发器表面与感温管之间热阻，这样可减少压缩机每小时的开、停次数。

(3) 有的电冰箱温度控制器感温管绕成螺旋弹簧状，利用箱内的温差来控制压缩机开停。由于箱内温度变化很小，感温管内对应的压力变化也很小，不足以使动、静触头断开或闭合。为此，在螺旋状感温管加一个电加热器，当触头断开停机后，加热器开始加热感温管，因而此箱内温度变化虽小，感温管的温度变化可达6℃以上。其对应的压力变化可使触头闭合，压缩机运转，以此来控制箱温。所以，当电加热器失效后，电冰箱压缩机可能运转不停。

(四) 温度控制器感温管变位，引起电冰箱工作不正常

1. 故障现象

一台水仙花牌 BC-110 型电冰箱，接上电源后运转正常，蒸发器均匀结霜，30min后停机。压缩机只停 2min 又启动，这时室内电源 2A 保险丝烧断。把熔断的保险丝换上后约经过 15min，电冰箱重新接上电源，又能正常制冷，运行不到 30min 后又停机，压缩机又停 2min 就启动，一启动电源保险丝又烧断，以致电冰箱无法正常使用。

2. 故障原因

使用毛细管作节流元件的制冷系统，停机后要经 3～5min，制冷系统高、低压压力才能平衡，压力平衡后压缩机才能正常启动。如果停机时间少于 3～5min 就启动，则因压力尚为平衡，启动力矩大，会引起过流，导致电源保险丝烧断，甚至电机绕组烧毁。这台电冰箱压缩机第一次启动时都能正常工作，停机后再启动电源保险丝就烧断，这是因为停机时间太短引起的。

经检查，温度控制器感温管固定在蒸发器表面上的螺钉松脱，使感温管与蒸发器表面接触变位，接触长度变短，因此停机时间缩短。

3. 故障排除

(1) 把温度控制器的感温管按原来的位置与长度固定在蒸发器表面上。

（2）压缩机停机时间延长，电冰箱正常使用。

九、启动与保护装置故障检修实例

（一）整体式启动继电器卧置安装，使压缩机不能启动

1. 故障现象

一台雪花牌 BJ2－4 型电冰箱，电气控制系统检修后通电试机，压缩机不启动。打开箱门照明灯亮。用试电笔检查电路各接点均正常。

2. 故障原因

该电冰箱使用整体式启动继电器。经检查发现，由于整体式启动继电器卧置安装引起故障。卧置后启动继电器常开触头不易吸动。仅运行绕组通电，过流引起过载保护器动作，因而压缩机不能启动。

3. 故障排除

（1）断电后，把整体式启动继电器由卧置改为直立安装。

（2）通电时压缩机能启动、运行，电冰箱工作正常。

（二）无霜电冰箱 PTC 启动继电器损坏，造成压缩机电机绕组烧毁

1. 故障现象

一台日本松下 NR－155TAH 型无霜电冰箱使用 PTC 启动继电器，通电后打开箱门，照明灯亮，关箱门可以听到箱内风扇“呼呼呼”的运转声，摸压缩机机壳静止不动，没有响声，机壳和冷凝器都不热，箱内无冷度。

2. 故障原因

按故障现象分析，电源正常。压缩机不能启动，由无霜电冰箱电气控制系统特点可以初步判断是启动继电器、过载保护器或压缩机电机的故障。拆下压缩机机壳上的接线罩盖，用万用表检测电机绕组有一组断路，过载保护器导通，PTC 启动继电器也断路。检测结果表明，由于 PTC 启动继电器损坏，启动过流。过载保护器触头跳开，由于没有及时发现，长时间出现过载保护器周期性跳开，导致电机绕组烧断。

3. 故障排除

（1）拆卸压缩机，剖开机壳。

（2）取出电机定子，拆线包，重新绕线，组装后试机运转，封壳。

（3）试压检漏合格后，压缩机重新装回制冷系统。

（4）更换 PTC 启动继电器。

（5）对制冷系统检漏、抽空、充灌 R－12。

（6）电冰箱恢复正常工作。

十、融霜控制装置故障检修实例

（一）无霜电冰箱融霜定时器触点接触不良，使压缩机不启动

1. 故障现象

一台日本松下 NR－177R 型无霜电冰箱，打开冷藏室箱门，箱内照明灯亮，但压缩机不能启动运行。

2. 故障原因

开箱门灯亮，说明电源供电正常。打开冷冻室箱门，用手按门开关，风扇也不转。温

度控制器温度调节旋钮处于“正常”位置，可见故障出在电气系统上。根据无霜电冰箱电路特点，可先检查温度控制器。为此，拆下箱内温度控制器外罩，用万电表电阻挡检测温度控制器两接线柱是否导通，检测结果说明温度控制器良好。然后用万用表电阻挡检测电冰箱背后左侧内壁融霜定时器上4个接线柱的导通情况，发现温度控制器和融霜定时器的接线端子与压缩机电机、风扇电机和融霜定时器的接线端子之间断路，此引起压缩机、风扇不能启动、运行。

3. 故障排除

松下无霜电冰箱所用的融霜定时器是整体式的，无法拆开检修。

故障可能是由于融霜定时器内的触点接触不良引起，所以，用力顺时针旋转定时器黑色隐蔽旋钮，听到“咔”的一声，用万用表电阻挡重新检测断路的两接线端子，发现已导通。

接上电源后压缩机能启动、运行，电冰箱恢复正常工作。但故障排除后，应将旋钮拨回原位，以维持融霜时间不变。

如果采用上述方法，故障仍不能排除，则应换上同型号同规格的融霜定时器。

（二）无霜电冰箱融霜期间不制冷

有一用户反映，无霜电冰箱打开箱门灯会亮，但压缩机不工作，也听不到风扇的运转声，电冰箱不制冷。检修人员认为门灯会亮，说明电源能正常供电。但电冰箱在融霜期间，融霜定时器切断压缩机电机和风扇电机电路，接通融霜加热可能正是融霜期间的状态。为此，先打开箱门一段时间，在箱内放一只酒精温度计，等箱内温度达14℃左右，关箱门，等10min左右，压缩机启动了，也听到风扇运转声，过30min箱内已很冷，说明电冰箱能正常工作，并无故障。打开箱门是为了加快蒸发器回温速度，缩短融霜过程。

十一、漏电故障检修实例

（一）电机绕组受潮，使压缩机漏电

1. 故障现象

一台雪花牌100L单门电冰箱，制冷效果良好，电冰箱能使用，但箱体带电，人触碰有麻木感觉。

2. 故障原因

为了检查箱体带电的原因，把电冰箱插头从插座上拔下，用万用表低阻挡测量压缩机电机启动绕组和运行绕组阻值及其与机壳间的阻值。测量结果，绕组阻值正常，但绕组与机壳间的阻值较小，说明绕组没有烧毁，但漏电，这可能由于绕组严重受潮，绝缘性能下降，导致与机壳相通所致。

3. 故障排除

（1）割断压缩机工艺管，喷出制冷剂，把压缩机从制冷系统上拆下来进行烘干处理，烘干温度120℃，时间24h。

（2）烘干后，用万用表高阻挡或兆欧表再次测量绕组与机壳间的绝缘电阻，其值应不低于2MΩ。

（3）把压缩机装回制冷系统。

(4) 对制冷系统进行检漏、抽空、充灌 R-12。

(5) 电冰箱工作正常，箱体不再带电。

(二) 电冰箱没有接好地线造成漏电

1. 故障现象

一台万宝牌 BYD-158 型电冰箱在接触箱体时有麻手的感觉，用试电笔接触箱体金属外壳和管道时，试电笔发亮。

2. 故障原因

用兆欧表测得压缩机电机绕组与机壳之间绝缘电阻，大于 2MΩ，说明电路部分与箱体金属件间的绝缘正常。将电源插头里的火线和零线对调，仍不能排除漏电故障。检查电源插座内的地线时，发现地线弹片松动，致使电冰箱的金属壳体没有真正接地。

3. 故障排除

修复电源插座内的弹片，漏电现象排除。

4. 注意事项

本实例说明电冰箱安装地线的重要性。地线将电冰箱的“外壳”和“大地”连接起来，因其他原因产生的电流由“外壳”经地线流到“大地”，人体得到保护，即“接地保护”。有的电冰箱没有地线接线柱，可自行安装。安装地线时，用一根直径大于 3mm 的绝缘导线，把电冰箱的地线接线柱与接地体连接起来就可以了。有的电冰箱的地线是借助三芯电源插座来连接的，电冰箱生产厂已经用导线把电冰箱不应带电的部分与三芯电源插头的地线芯线连接好了，用户只要用导线把电源插座上的地线芯线与接地体连接起来即可。

十二、箱体的拆装与调整实例

(一) 电冰箱箱内积水

1. 故障现象

一台白云牌 BCD-168 型双门直冷式电冰箱，制冷效果好，能正常使用。但箱内积水，打开冷藏室箱门，有水流出。

2. 故障原因

冷藏室蒸发器接水盘与排水管连接处结冰，以致蒸发器融霜水不能经排水管流出箱外，而积在接水盘内，积满后又溢流到箱内。严重时积水经箱门下沿流到箱体周围地面。

3. 故障排除

(1) 电冰箱断电，暂时停止使用，待冷藏室温度升高。

(2) 结冰逐渐融化后，用布吸干接水盘和箱内积水，电冰箱即可恢复使用。

注意事项：

如果蒸发器接水盘与排水管连接处被污物堵塞，也会产生同样现象，这种情况下应用软铜丝疏通排水管。

(二) 冷藏室蒸发器电热管松脱，电冰箱运行中发出异响

1. 故障现象

东方-齐洛瓦 BCD-190B 型电冰箱能正常使用，但经常发出“嘭”的响声，使用户感

到心烦。

2. 故障原因

(1) 根据故障现象，初步判断由箱体变形引起响声。但仔细听一下，声音不是来自箱外，而在箱内，而且“嘭”的响声仅在最近才出现，打开箱门仔细观察，也看不出有什么异常现象。

(2) 可以听到响声来自箱内冷藏室蒸发器背后，用手摸蒸发器背后与箱体之间的空间，有一根管状物悬空，这是冷藏室融霜电热管。

(3) 冷藏室融霜电热管本应固定在蒸发器背面，因松脱而处于悬空状态，当其通电融霜时，电热管受热膨胀，弹向箱体内壁发出响声。

3. 故障排除

把手伸到蒸发器背面，摸到松动部位，取下相应部位的塑料钉，将电热管固定牢，异常响声消失。

十三、电冰箱箱门密封性故障检修实例

(一) 用衬垫法纠正门封胶条的变形

1. 故障现象

一台水仙花牌 BC－110 型电冰箱可以正常使用，但冷藏室箱门门封胶条与箱体局部明显不贴合，潮湿天气该处有凝露现象。

2. 故障原因

电冰箱使用一段时间后，门封胶条老化，出现翘起、衬垫等变形现象，使其局部区域与箱体不密封。

3. 故障排除

(1) 该电冰箱箱体门门封胶条变形区域较大，可用衬垫法纠正。

(2) 操作时，先确定漏光的位置和大小，以及漏光的严重程度等情况，然后将干净的泡沫塑料等弹性柔软物，按照门封胶条的漏光区域，剪成合适的长度。

(3) 用手轻轻翻开衬垫漏光部分的门封胶条翻边，将剪好的衬垫物慢慢垫入门封胶条翻边与箱门之间的夹缝中，垫时注意垫平，不能垫得太厚，边垫边观察漏光情况，直至漏光刚好消失为止。

(4) 采用衬垫法修整门封胶条的密封性时，应视门封胶条变形的程度和密封性恢复的情况决定衬垫的时间，一般至少数月，个别变形较严重的要永久衬垫下去。经过衬垫后，箱门密封性得到恢复，凝露消失。

(二) 用加热整形法修整门封胶条的变形

1. 故障现象

一台天泉牌 BCD－170 型双门电冰箱，能正常使用，但蒸发器结霜太快，仅 2～3 天冷藏室蒸发板下部就结了一大块冰。

2. 故障原因

电冰箱蒸发器结霜太快的原因可能是开门次数太多且时间太长；箱门上门封条密封性

变差，电冰箱使用过程中有大量空气潜入。经检查发现，这台电冰箱蒸发器结霜太快是门胶条密封不良引起的。

3. 故障排除

（1）这台电冰箱门封胶条局部变形区域较小，决定用加热整形的办法来修复。

（2）用600～800W电吹风对准门封胶条部位往返加热，当门封胶条温度升高变软时，停止加热。

（3）用小刀或其他扁平金属片压住门封胶条部位，使其与箱体紧贴，待门封胶条自然冷却后，拿开小刀，门封胶条便能与箱体紧密贴合。

（4）门封胶条密封不严也可用电吹风靠近门封胶条吹，并轻用手拉，边吹边拉，直至门封胶条与密封为止。

经过上述方法处理，门封胶条密封性得到改善，故障排除，电冰箱工作正常。

十四、制冷系统干燥与抽空、充灌R-12检修实例

（一）制冷系统充灌R-12不足，使电冰箱工作不正常

1. 故障现象

一台美菱-阿里斯顿牌BCD-185E型电冰箱充灌R-12达0.08MPa后试运转，排气管和冷凝器热度正常，但冷凝器下部不热，蒸发器半边结霜，半边不结霜，回气管一点也不冷，且压缩机运转不停。

2. 故障原因

观察修理阀真空压力表，压力降为0.048MPa，据此可判断是充灌的R-12不足。电冰箱刚开机时，修理阀真空压力表压力较高，随着箱温下降，其值也会降低而趋于稳定。因此，R-12足量时，真空压力表的0.08MPa是指电冰箱正常制冷时的压力。

3. 故障排除

（1）继续充灌R-12，边充灌边观察，当修理阀真空压力表压力值为0.08MPa，整个蒸发器结霜，回气管冰凉。

（2）箱温降下后，压缩机在温度控制器控制下能自开自停。

（3）电冰箱能正常使用后，拆下修理阀，压缩机工艺管封口，电冰箱交用户使用。

（二）R-12充灌不足，使冷藏室温度降不下来

1. 故障现象

一台天泉牌BCD-170型双门直冷式电冰箱，充灌R-12后试机运转，冷冻室蒸发器结霜均匀、结实，温度剧降，但冷藏室温度降不下来，压缩机运转不停，修理阀真空压力表压力为零。

2. 故障原因

根据故障现象可以判断故障的原因是充灌R-12不足。该电冰箱制冷剂流程是：制冷剂先进入冷冻室，再流入冷藏室，然后又回到冷冻室，故R-12不足时，冷冻室能制冷，冷藏室温度降不下来。

3. 故障排除

(1) 开 R-12 钢瓶阀和修理阀，继续充灌 R-12。

(2) 修理阀真空压力表压力值逐渐升至 0.06MPa。

(3) 关钢瓶阀，这时不但冷冻室蒸发器结霜，冷藏室蒸发器也结霜，箱温降下来，压缩机能自开自停。

(4) 此时压缩机工艺管可封口，电冰箱可交用户使用。

参 考 文 献

[1] 吴敏，赵钰．制冷设备原理与维修［M］．北京：机械工业出版社，2014.
[2] 李援瑛．跟我学修空调器［M］．北京：中国电力出版社，2000.
[3] 李援瑛．跟我学修电冰箱［M］．北京：中国电力出版社，2000.
[4] 李援瑛．电冰箱维修技术入门［M］．北京：机械工业出版社，2005.
[5] 腾林庆．制冷设备维修工（初级）［M］．北京：中国劳动社会保障出版社，2007.
[6] 郑兆志．家用空调器原理及其安装维修技术［M］．北京：机械工业出版社，2002.